今日からモノ知りシリーズ

トコトンやさしい

レンズの本

カメラをはじめ様々な光学機器、各種記録メディアなどで活躍しているレンズ。光を利用するためにレンズは不可欠の道具です。用途に合わせて光を集めたり狙った方向に向けるために、材料、大きさ、面のカーブの大きさ、レンズの組み合わせなどいろいろな工夫がされています。

齋藤晴司

B&Tブックス
日刊工業新聞社

はじめに

人間はもちろん、動物や植物にとっても太陽は必要不可欠のもので、私たちは太陽からほとんど無限に近いエネルギーをもらっています。それは暖めてくれる熱であったりまわりを明るく照らしてくれる光であったりします。これらのおかげで地球上の生命が維持されています。太陽の光を利用する歴史は長く、古くから記録があります。近年特に、このクリーンな太陽エネルギーを利用促進する機運が高まっています。

〝ものを見る〟ということは、光が物体を照らし、反射された物体の情報を持つ光が眼に入り、その光が網膜の上に像を作り、脳がこれを認識することによります。普段なかなか意識することはありませんが、光が持つ情報を受け取ってはじめて私たちはものを見ることができるのです。このことは暗いところではものを見ることができないことからも明らかです。

このようなメカニズムがきちんと知られていない頃から、レンズがものの像を拡大する機能は知られており、紀元後60年頃にこの記録が残されています。

小さいものを拡大する機能、遠くのものを拡大する機能、光を集める機能。この三つの基本的なレンズの機能についてさまざまな応用がなされてきました。光学機器を使って人間が獲得した知識は数えきれません。

レンズは光の進む方向を意図した方向に変えるための一つの手段といえます。うまく光の方向を変えることで像ができます。できる像を意図したような像にすることは、多くの人々の試行錯誤の経験と、そこから生まれた知識の積み重ねがあってこその成果といえます。その中には、偶然見つかったものもあったでしょう。

このような知識が体系づけられて後世に伝わり、さらに新しい技術が加えられ、どんどん進化してきた結果が今日の光学機器が存在しえる理由です。

さて、本書ではレンズについてその歴史から、レンズの形や組み合わせが生み出す機能、レンズが扱う光の特徴、さらに、レンズが求められる機能を発揮するために実際にどのように作られているかを解説しています。

レンズにはその性質の理解の積み重ねが体系づけられ理論ができ、これをもとにさらに新しい利用・活用方法が広がるこの繰り返しから成る長い歴史があります。

現在では、レンズがいろいろな光学製品において使用されています。身のまわりにはカメラのようにレンズと一目でわかるものから一見してレンズが内蔵されているとは気づかないものまで多岐にわたります。どんな光学製品でも詳細に見ていくと過去の技術の蓄積の上に成り立っていることがわかります。

レンズの製作過程は一般にはあまり知られていませんが、少し独特なところがあります。それは開発過程から製造過程にわたり見受けられます。本書ではこれらの点も含め光学製品全般にわたり見ていきます。

今後、レンズの用途はさらに広がっていくことでしょう。なぜならレンズで扱う「光」は、この世で最も速いものであり、これ以上のスピードを持ったものは、存在し得ないからです。ですから光を用いる技術開発はますます盛んになっていくことが期待されます。

本章を書くにあたり、いろいろな著作物を参考にさせていただきましたことに感謝いたします。参考にさせていただきました資料は後ろに掲載いたしました。また、本書を出版するに当たり日刊工業新聞社の出版局の方々および担当された方々に感謝を申し上げます。

平成25年3月

齋藤　晴司

目次 CONTENTS

はじめに

第1章
レンズって何だろう

1 レンズの始まり「レンズの始まりは紀元前に遡り、様々な努力で現在の光学製品に」……10
2 身のまわりのレンズ「光の応用技術の発展とともに広がるレンズの活躍の場」……12
3 レンズの形「一般的にレンズ表面の形状は球面」……14
4 光を集める「光の向きを変えるミラー、光を集めるレンズ」……16
5 像を作る「ピンホールでも像を作ることが可能」……18
6 望遠鏡の始まり「遠くのものを近づけて見る望遠鏡の発展は、欠点を補う歴史でもある」……20
7 顕微鏡の始まり「望遠鏡と同じ時期に作られ始めた顕微鏡」……22
8 カメラの始まり「小さい穴(ピンホール)で像を作る」……24

第2章
光について

9 明るい光と暗い光の違い「明かりの明暗」……28
10 光の色「光の色と波長」……30
11 光の進み方「光の直進性」……32
12 反射したり透過する光「レンズやプリズムなどは光が透過する性質を利用」……34
13 光の通り道は決まっている「異なる媒質の境界面では光が折れ曲がる」……36
14 ガラスに入ったときの光の曲がり方「スネルの法則」……38

第3章
レンズの基本的な性質

第7章 レンズの製造の流れ

第8章 レンズを組み立てる

第9章 レンズを使った製品

【コラム】

第1章

レンズって何だろう

1 レンズの始まり

レンズの始まりは紀元前に遡り、様々な努力で現在の光学製品に

今では身のまわりのいたるところで活躍しているレンズですが、その始まりはなんと紀元前にまでさかのぼります。人類が最初にレンズを製作した過程について具体的な記録があるわけではありませんが、現在知られている最も古いレンズとして、「ニムルドのレンズ」というものがあります。これはイラクのニムルドという場所で発見されたもので、製作されたのは紀元前9～8世紀頃と推定されています。このレンズは今でいう平凸レンズの形状をしていて、焦点距離は12センチだそうです。このレンズは太陽光を集めるのに使われていたといわれています。

その後、紀元後60年頃にはローマの哲学者セネカにより、水晶玉やガラス玉でも、ものを拡大して見ることができるというレンズの重要な機能について初めて記述されています。

2世紀にはギリシャのプトレマイオスがガラス玉による物体の拡大作用や屈折について述べています。

11世紀になりアラビアの学者アルハーゼンにより、人の眼の構造やガラス玉による物体の拡大作用と光の屈折について詳しくまとめた光学書が出されました。そのため彼は「光学の父」と呼ばれています。

12世紀にはベネチアでガラス製造の技術が著しく発展し、レンズに使える透明で良質なガラスがたくさん作られるようになりました。

13世紀に入りイギリスの修道士ロジャー・ベーコンによってレンズについてのさまざまな実験が行われています。その頃には、凸レンズが拡大鏡として広く使われるようになってきました。

日本には、1551年にフランシスコ・ザビエルがメガネを持ち込んだという記録があります。そして1620年には国産のメガネの製造が開始されています。

現在、日本の製造するレンズはその品質と機能で世界から評価されており、カメラをはじめ望遠鏡や顕微鏡などの光学製品で幅広く活用されています。

要点BOX

- 現存する最古のレンズ、ニムルドのレンズ
- 最初のレンズは拡大するための道具として使用
- 日本には1551年にメガネが持ち込まれた

ニムルドのレンズ

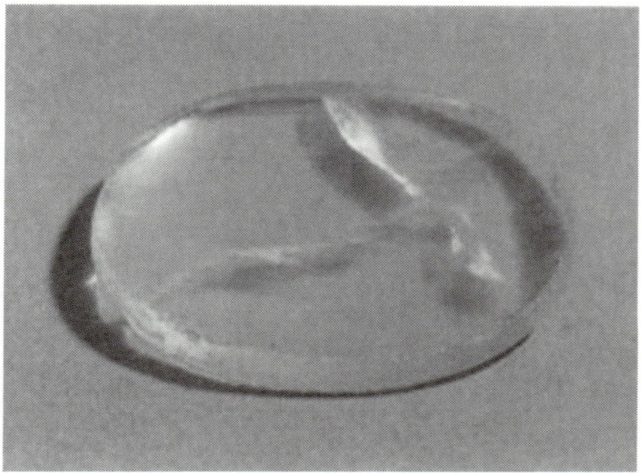

現在のイラクで見つかったもので、直径3.8cmのレンズ形状をしています。片面が平坦で反対面が凸レンズ形状の平凸レンズ形状をしています。
ただし、発見された状況から、レンズではなく家具や置物を飾っていた水晶製の装飾部品として使われていた可能性が高いとの説もあります。

出典：大英博物館 HP：http://www.britishmuseum.org/research/

レンズ豆

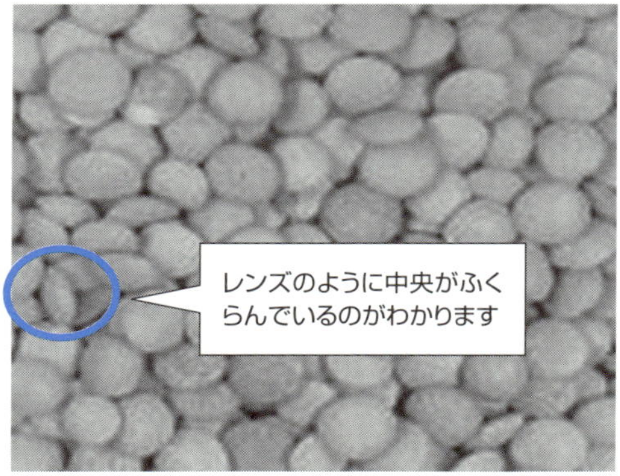
レンズのように中央がふくらんでいるのがわかります

レンズの語源になった豆で、地中海原産の紀元前から食べられていた豆です。直径は5mmほどで、横から見た形状が凸レンズのように中央が膨らんだ形状をしています。この豆にちなんでガラスや鉱物を磨いたものをレンズと呼ぶようになりました。レンズ豆は和名ではヒラマメといいます。

レンズの形と見え方

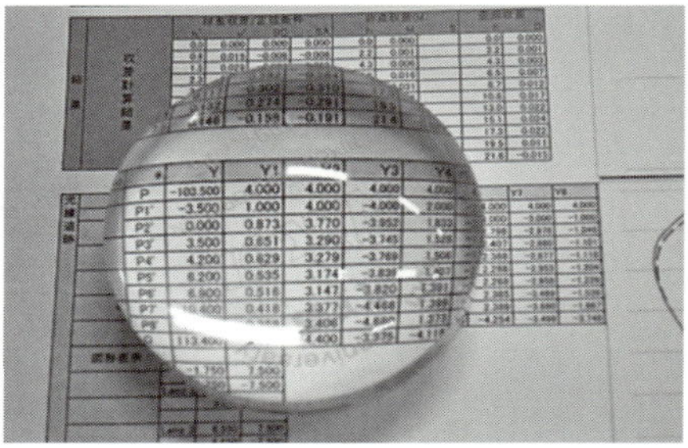

凸レンズ → 大きく見える

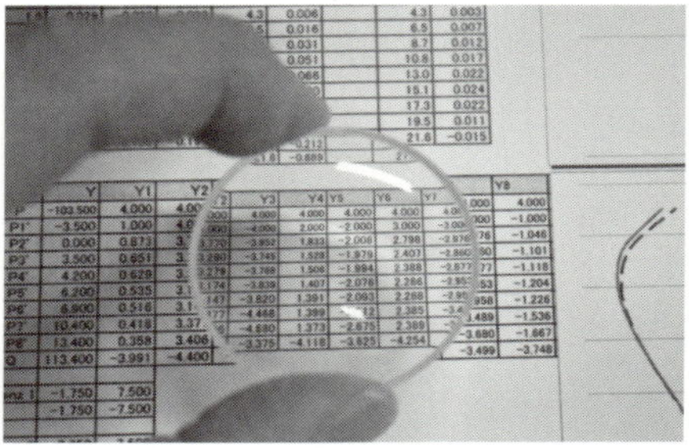

凹レンズ → 小さく見える

2 身のまわりのレンズ

光の応用技術の発展とともに広がるレンズの活躍の場

身のまわりにあるレンズはメガネや望遠鏡だけではありません。光を扱う技術では必ずレンズが活躍しています。例えば、ほとんどの日本人が所有している大部分の携帯電話には写真を撮影できる機能がついています。また、CDやDVDの情報を読み取る上で欠かせないのがやはりレンズです。メガネはもちろん、玄関のドアについているドアフォンには撮影用のレンズ、そしてTVなどのコントローラには赤外線を前方へ向けるためにレンズが組み込まれ、同様の目的で車のヘッドライトにはレンズやミラーが使われています。手をかざすと自動的に水が出るセンサー付の洗面台には赤外線を必要な場所に当てるためのレンズが不可欠です。さらには、コピー機や映像を映し出すプロジェクターなどにも使われています。

レンズの機能が活用されている代表的な光学製品としてカメラがあります。レンズの種類も広い範囲を写す広角レンズや遠くの物体を近くで写したようにする望遠レンズ、さらには著しく広範囲を撮影することができる魚眼レンズなど、その用途により様々なレンズが提供されています。通常複数のレンズが使われている一眼レフカメラでは、一枚のレンズの機能だけでなく、その組み合わせにより発揮できる機能には長い間、さまざまな人々の工夫が凝縮されています。

また、カメラ内部には撮影レンズのほかに、最近のほとんどのカメラについている自動焦点装置や露出を測る装置、ストロボ光量を測定する装置などに、専用のレンズ系が多数内蔵されています。

今後もレンズが使われる製品が増えていくことでしょう。なぜなら、人間にとって光はなくてはならない要素で、光を扱うにはレンズが必須だからです。また、光はこの世で移動の速度が一番速く、高度な情報処理には光は欠かせません。とりわけ近年では、あまり気がつかないところで多くのレンズや光学部品が使われています。

要点BOX
- ●CD、コピー機、赤外線コントローラなどで活用
- ●光の活用のためにレンズは必須
- ●光による情報処理

LEDレンズ

砲弾型LEDの例

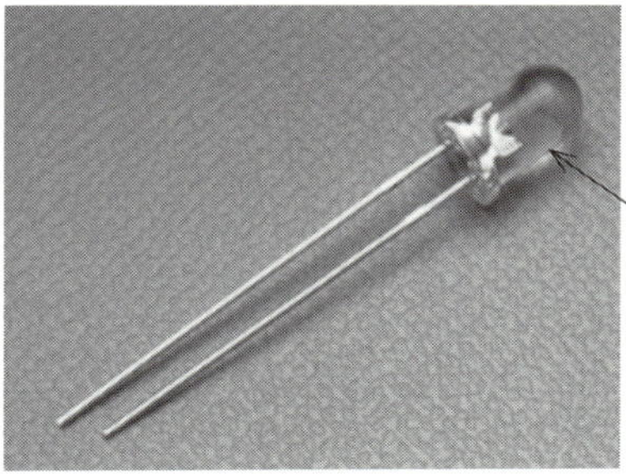

レンズ

テレビやDVDなどのコントローラの先端で光信号を出しているLEDにも小さなレンズがついています。

発光面の上側（LEDランプの先端）のケース部分がレンズになっています。このレンズは光を前面へ収束させるために使われています。

車のライトとレンズ

車のライトなどでは、レンズと反射ミラーが組み合わされて、効率よく光を前方に集める工夫がされています。

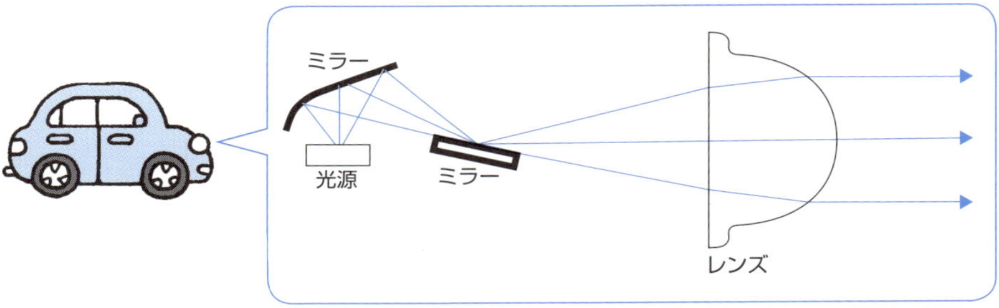

ミラー
光源
ミラー
レンズ

インターフォンとレンズ

TV用のレンズ
玄関用のインターフォン

TVカメラには人を撮影するために広い範囲を写す広角レンズが入っています。

TVモニター

3 レンズの形

一般的にレンズ表面の形状は球面

子供の頃、レンズで太陽の光を集めたことがある人は多いと思います。このレンズの形状は中心が厚くなっている凸レンズであり、両面は球の一部となっています。このように一般的にほとんどのレンズの面は球面の一部で構成されています。

この球面に遠くからの光が入ると光はほぼ一点に集まります。レンズの端部に入った光もレンズの中心部に入った光も同じ場所に集まります。極めてシンプルな球状のレンズの表面にはこのようなすばらしい機能が存在するのです。この球面は同時にレンズを作る上でもとても楽な形状なのです。

レンズを光が入ってくる方向に対して垂直に置いたとき、レンズ中央を貫く軸を「光軸」といいます。光軸から光が入射する距離を「入射高」といいます。凸レンズでは入射高により屈折して光線が曲がる角度は異なります。この角度はさまざまな方向から入る光の角度がすばらしく常に一箇所に向かうような角度になっています。

これに対し、表面が中央に向かって薄くなるような球面でできている凹レンズにも、すばらしい特性が存在します。光軸に平行に入った光は拡散していき、外側に向かって凸レンズと同じような曲がり方をします。そのため拡散していく方向と反対方向に直線を延ばすと、これもまた一点に集まります。

このような光の動きについては、レンズの表面に小さなプリズムが多数あると考えることで理解しやすくなります。三角形のプリズムに光が入ると光路が曲がります。その頂点角度により光が曲がる方向が決まりますが、その角度は光軸からの距離により異なり、一点に集まるように光が屈折していきます。

レンズ表面には小さなプリズムがあるという考え方から、レンズの厚さが極めて薄い板のようなレンズが考え出されました。これが「フレネルレンズ」と呼ばれるもので、照明や拡大鏡等に使われています。

要点BOX

- 光軸に平行な入射光が球面に入ると1点に集まる（凸レンズ）
- レンズ表面は小さなプリズムの集合

レンズによる光の曲がり方(屈折角)

①凸レンズの場合 ➡ レンズの境界面で屈折して光路が曲がる角度は、入射高が低くなるほど小さくなります。

$\theta_1 > \theta_2 > \theta_3 > \theta_4 > \theta_5$

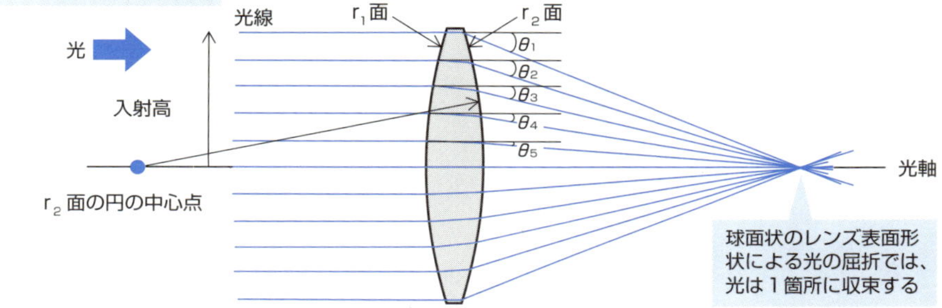

光線
r_1 面
r_2 面
光
入射高
θ_1
θ_2
θ_3
θ_4
θ_5
r_2 面の円の中心点
光軸
球面状のレンズ表面形状による光の屈折では、光は1箇所に収束する

②凹レンズの場合 ➡ 入射高が高くなるにつれて拡散角度は大きくなります。

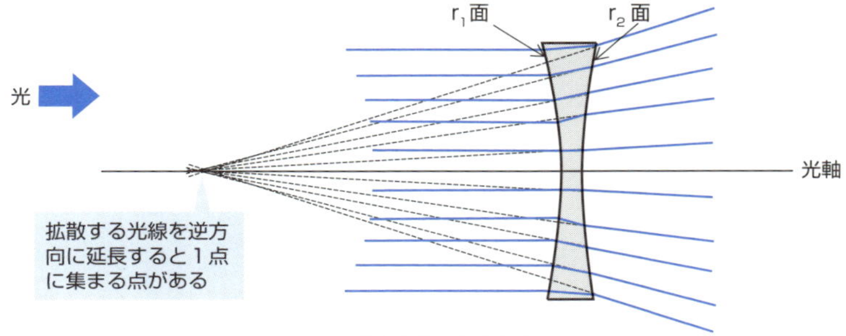

r_1 面
r_2 面
光
光軸
拡散する光線を逆方向に延長すると1点に集まる点がある

フレネルレンズ

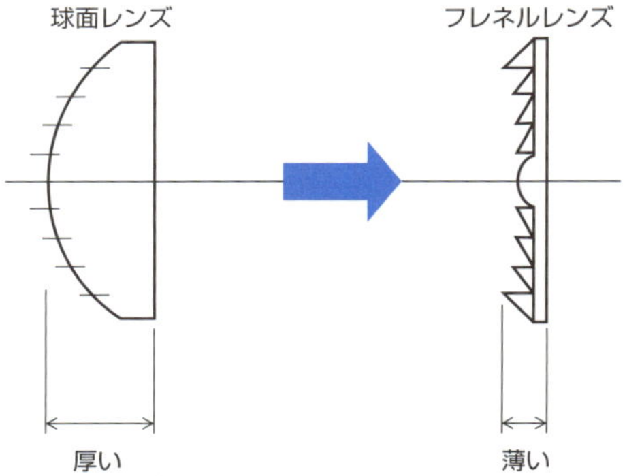

球面レンズ
フレネルレンズ
厚い
薄い

球面レンズの表面を小さく分けるとその球面は直線で近似できます。その近似した直線をプリズムの1つの面とする多数の三角プリズムで置き換えたものが、フレネルレンズです。

▲都井岬灯台の灯器(3等大型レンズ)
光度：閃光53万カンデラ
光達距離：23.5海里(約43km)

提供：海上保安部 宮崎海上保安部 HP "灯台写真館"
http://www.kaiho.mlit.go.jp/10kanku/miyazaki/photo-gallery/toudai-kan/toudai.html

4 光を集める

光を発光している元のところを「光源」といいます。理想的に一点からあらゆる方向に光が発光している場合、その場所を「点光源」といいます。点光源では、そこから全ての方向に光が発光されているので、点光源によりどこかを照明しようとすると光源から発光される一部の光しか使われないため、あまり明るくなりません。そこで、後方へ発光された光を前方へ向けるために、光源の後側にミラーなどが配置されます。これで前方へ向う光は増えます。それでも光は距離に応じて広がっていき、遠くになればなるほどやはり照明したい場所に来る光は一部となってしまいます。

一般的に、このように広がってしまう光を広がることなく、光の向きをそろえるためにレンズなどが使われています。懐中電灯をはじめ車のヘッドライトや灯台の投光器などは、ミラーとレンズの組み合わせで必要な場所を明るく照らすような工夫がされています。

さらに、それぞれの光の向きを一点に向かわせて光を集光させるためにもレンズが使われています。レンズのこの機能により、レンズを使って像を作ることができるといえます（結像機能）。結像機能はカメラをはじめメガネ、コピー機、双眼鏡、ルーペ、コンビニで使われるバーコードリーダなど数多く活用されています。

望遠鏡で遠くの星を観察しますが、この星の光は遠くにあるためとても暗くなっています。しかし自ら光を発光する恒星は点光源であり、実は地球上に光を発光しています。地球上の我々の眼に届いているのは、その内のほんの一部の光に過ぎません。

そこで望遠鏡は多くの光を集めるためにレンズの口径が大きくなっています。また、地上では大気中ゴミや揺らぎによって像の解像力が下がってしまうため、これらの影響の少ない高い山頂に設置したり、さらにハッブル望遠鏡のように、大きな望遠鏡を大気の影響を全く受けないよう宇宙空間に置くことで遠くをよく見ようとしています。

光の向きを変えるミラー、光を集めるレンズ

要点BOX

- 光の向きを変えるためにレンズやミラーが使われる
- 望遠鏡のように微弱な光量をたくさん集める場合は口径の大きなレンズが使われる

点光源による照明光の集め方

（1）一部の光だけが照明に寄与 ➡ 光源の大部分の光は、照明したいところには向かわない

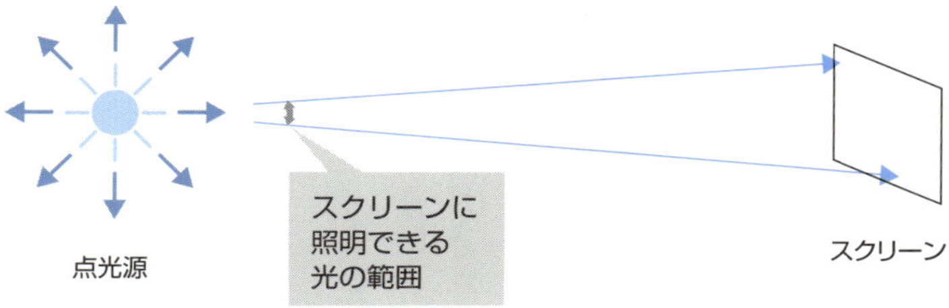
スクリーンに
照明できる
光の範囲
点光源
スクリーン

（2）光源の後側に球面鏡や放物面鏡を設置する ➡ 光源の後方に向かう光を反射、向きを変えて前方向に向かわせる

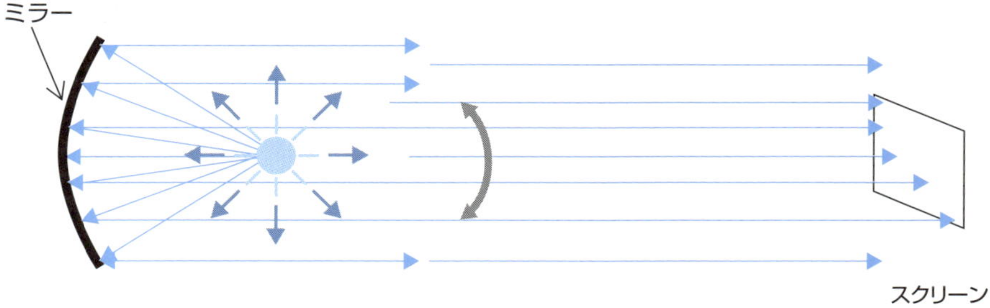
ミラー
スクリーン

（3）（2）に加えてレンズを使い、光を照明したい場所に集める ➡ レンズを使うことで、光を当てたいところにより多くの光を集めることができる

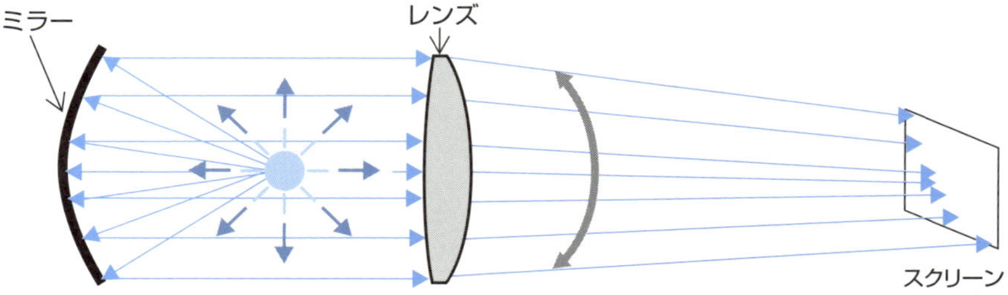
ミラー
レンズ
スクリーン

5 像を作る

ピンホールでも像を作ることが可能

物体の像を作るには、必ずしもレンズを使う必要は全くありません。机の上で何気なく指の隙間を通った光によりノートの上に天井の蛍光灯の像を見つけたという経験がある方も多いと思います。これはピンホール現象と呼ばれるものです。光の直進性によって蛍光灯から出た光が、指の隙間で作られたピンホールで交差し、上下左右が逆になる倒立像となって映ります。ピンホールの直径をおよそ3ミリメートルほどにするとよりはっきりとした像になります。

そこで、ピンホールと像を映すスクリーンの距離を変えてみると、スクリーンから指を離すほど像は大きくなり、像は暗くなります。また、ピンホールの大きさを大きくすると像は明るくなりますが、ボケてきてしまいます。

像を作るのにピンホールを使いましたが、その原理は、小さなピンホールにより光が交差して、物体の一点から出た光がスクリーン上の一点に到達することにより結像することによります。ここで物体から像に到達する光は小さなピンホールを通った光だけです。このことによりピンホール像は暗いのです。

ここで登場するのがレンズです。レンズの最大の機能は物体上の一点から出てレンズに入る全ての光がスクリーン上の一点に集まるということです。それも、レンズの形状は最も単純な球状形状をしたものでいいのです。このようなレンズの単純な形状がすばらしい機能を有していることは驚きです。

レンズにより像をスクリーン上に作る場合、物体の位置が決まればスクリーンに像のできる位置が決まります。カメラでピントを合わせるのは、像のできる撮像素子の位置はすでに決められているので、レンズの位置を調整しているのです。とても遠くにある太陽光をレンズに取り込むと、レンズに入った光はレンズ固有の一点に集まります。この光が集まる場所をレンズの「焦点」といいます。

要点BOX
- 光の直進性によりピンホールでも像はできる
- 1点から出た光を1点に集めることで像が作られる（像を作る原理）

ピンホール

手で作ったピンホールで天井の蛍光灯を像として紙面上に作ることができます。

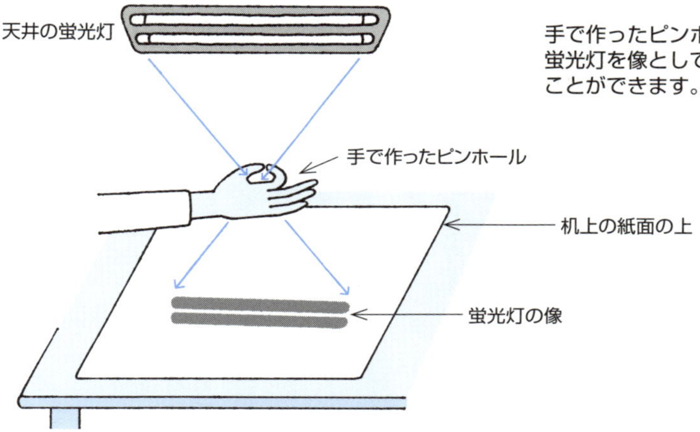

天井の蛍光灯
手で作ったピンホール
机上の紙面の上
蛍光灯の像

ピンホールとスクリーンの距離と像の大きさ

①スクリーンまで近い場合

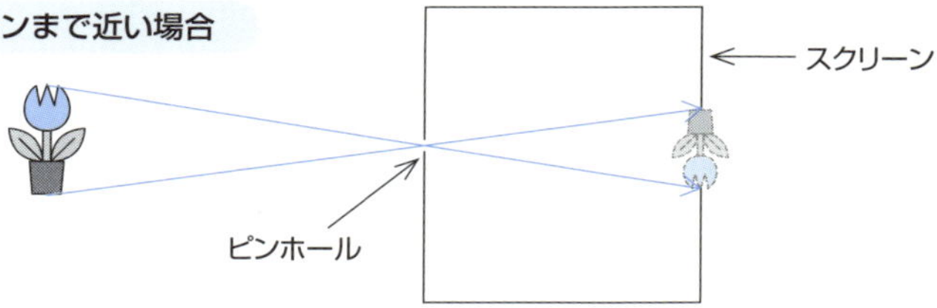

スクリーン
ピンホール

②スクリーンまで遠い場合　➡　像の大きさが大きくなる

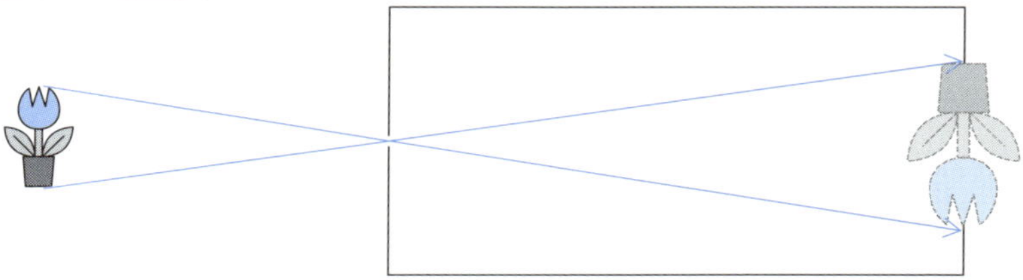

③ピンホール径が大きい場合　➡　像がぼける

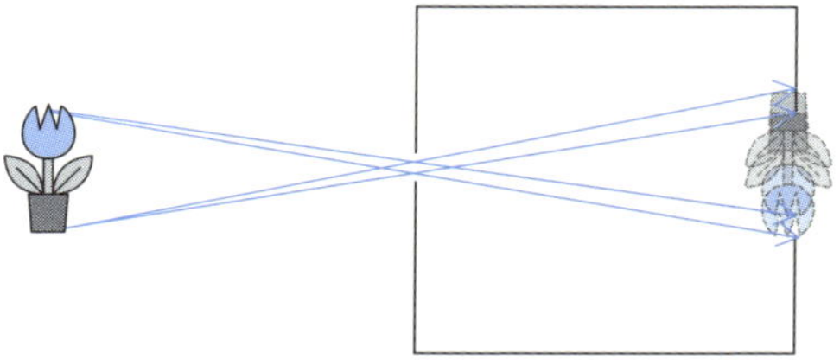

6 望遠鏡の始まり

遠くのものを近づけて見る望遠鏡の発展は、欠点を補う歴史でもある

レンズを通してものを拡大して見ることができる機能は古来から知られていました。16世紀にはメガネが使われており、メガネ職人が活躍していました。1608年にはオランダのメガネ職人リッペルスハイは、凸レンズと凹レンズを筒の両端に設置した望遠鏡を作り製造販売を始めています。

1609年にイタリアのガリレオは、この望遠鏡を改良して天体観測をしており、木星の4つの衛星や月面の表面を観測してクレーターを確認しています。さらに、太陽の黒点の動きなども調べており、これらの天体観測の結果から、地球が太陽の周りを回っているとするコペルニクスの地動説を支持したのです。

この凸レンズと凹レンズの組み合わせの望遠鏡は正立像として見ることができますが、高倍率にしていくと観察できる視野の範囲が狭くなるという欠点がありました。現在では、このタイプの望遠鏡はあまり使われていません。このタイプの望遠鏡は「ガリレオ式望遠鏡」と呼ばれています。

ドイツの天文学者であるケプラーは、ガリレオ式望遠鏡の視野が狭くなるという欠点を解決する方法として、凸レンズを2枚使う望遠鏡を考案しました。このタイプの望遠鏡を「ケプラー式望遠鏡」といいます。見える像は倒立像になりますが、視野が広く倍率を上げることができるため、天体を観測する望遠鏡としては使い勝手の良いものでした。

初めの頃は望遠鏡の対物レンズはレンズ1枚の単レンズでした。単レンズでは倍率を上げると像に色が着く色収差が大きな問題となります。そこで色収差を低減するためにレンズの曲率を大きくしましたが、望遠鏡の全長が長くなるという欠点がありました。

この欠点を克服するためにニュートンは反射式望遠鏡に取り組み成果を挙げました。反射式望遠鏡には「ニュートン式反射望遠鏡」のほか「カセグレン式反射望遠鏡」などいくつかの方式があります。

要点BOX

- 屈折望遠鏡は接眼鏡（接眼レンズ）＋凸レンズ
- 反射望遠鏡は接眼鏡＋凹面の反射鏡で構成
- 望遠鏡の倍率は物体の像を見る角度の比

屈折式望遠鏡

①ガリレオ式望遠鏡 ➡ 正立像として見えます。オペラグラスなどの地上望遠鏡で使われます。

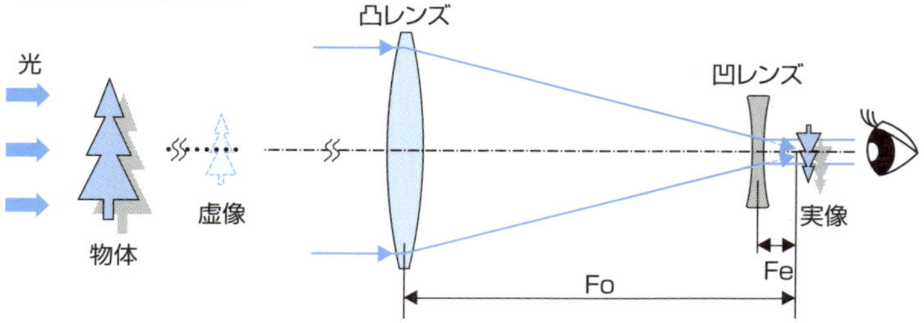
凸レンズ
光
凹レンズ
物体
虚像
実像
Fe
Fo

②ケプラー式望遠鏡 ➡ 倒立像として見えます。天体望遠鏡などで使われます。

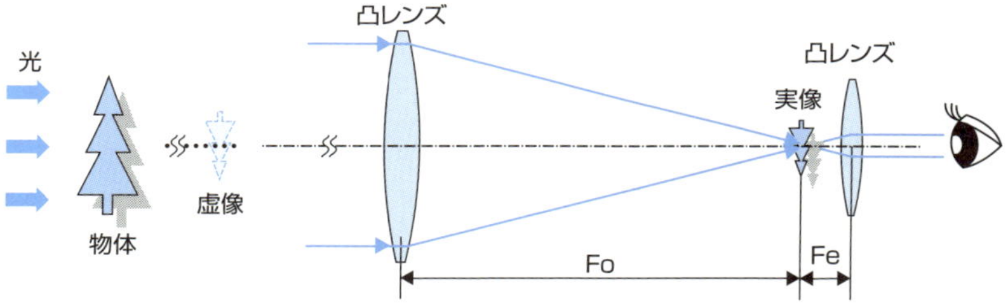
凸レンズ
光
凸レンズ
実像
物体
虚像
Fo
Fe

反射式望遠鏡

①ニュートン反射式

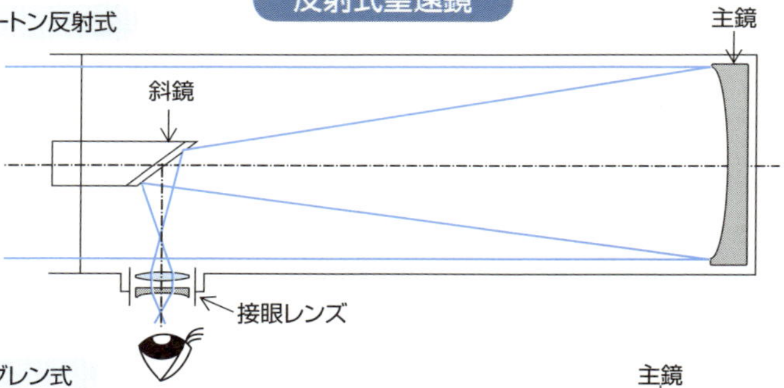
主鏡
斜鏡
接眼レンズ

②カセグレン式

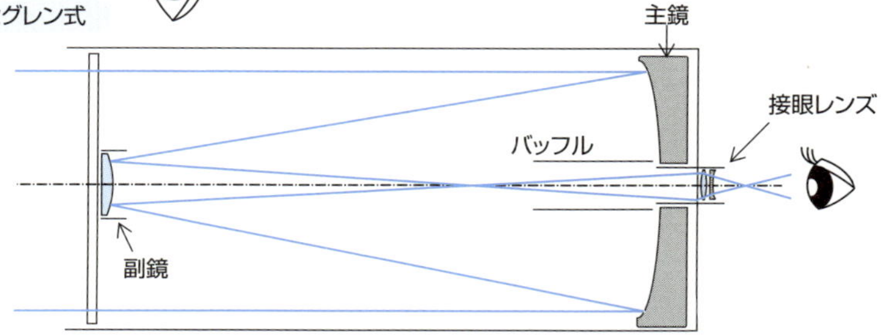
主鏡
接眼レンズ
バッフル
副鏡

用語解説

Fo：対物レンズの焦点距離
Fe：接眼レンズの焦点距離

7 顕微鏡の始まり

望遠鏡と同じ時期に作られ始めた顕微鏡

顕微鏡はオランダのメガネ職人ヤンセン親子によって1590年頃に作られました。

当時、複数のレンズの数を使って見る大きさは、一つの凸レンズで見る大きさとあまり変わりがないと考えられていました。しかしヤンセン親子は、二つの凸レンズを使用すると一つの凸レンズのときよりも拡大して見ることができることに気がつきました。しかし当時は小さいものを大きく見る顕微鏡よりも天体を近づけて見る望遠鏡の改良に力が注がれていました。

顕微鏡が注目され始めたのは1600年代になってからです。イギリスのロバート・フックが2枚の凸レンズを使った数十倍の「複式顕微鏡」を作り、いろいろな動植物を観察してスケッチに残し、1665年に「ミクログラフィア」という本にまとめました。彼はコルクの観察をして細胞をセルと名づけています。

同じ頃に凸レンズ1枚の小さなレンズを使った顕微鏡をレーウェンフックが作り、微生物等の観察を行い、1676年にはバクテリアを発見しています。彼の顕微鏡は数ミリの球状のレンズ1枚でできていて、倍率は270倍に達していたようです。このようにレンズ1枚でできている顕微鏡を単式顕微鏡といいます。

その後19世紀になり、イギリスのエアリーやドイツのアッベ、ツァイスなどにより光学や光学顕微鏡の理論が打ち立てられ、どんなに拡大しても解像限界が存在することがわかりました。現在の光学顕微鏡は、千倍程度の倍率で、光の波長程度の240ナノメートル程が分解限界となっています。

1920年頃になり、さらに微細な構造を観察することができる電子顕微鏡が発明されました。観察倍率は10万倍以上にも達しています。しかし、標本の前処理や観察するには真空中に物体を置かなければならないなどの制約もあります。光学顕微鏡は取り扱いが容易で、生物を生きたまま観察できるというメリットもあり使い分けがされています。

要点BOX

- 大きく「単式顕微鏡」「複式顕微鏡」「電子顕微鏡」の3種類
- オランダのヤンセン親子が1590年顕微鏡を作る
- フック、レーウェンフックによる動植物の観察記録

レーウェンフックの顕微鏡

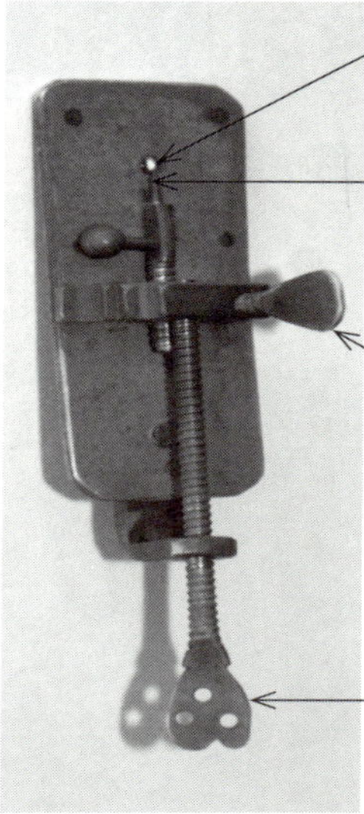
球状の
微小単レンズ
標本フォルダー
ピントを
合わせるネジ
標本位置調整ネジ

フックの顕微鏡

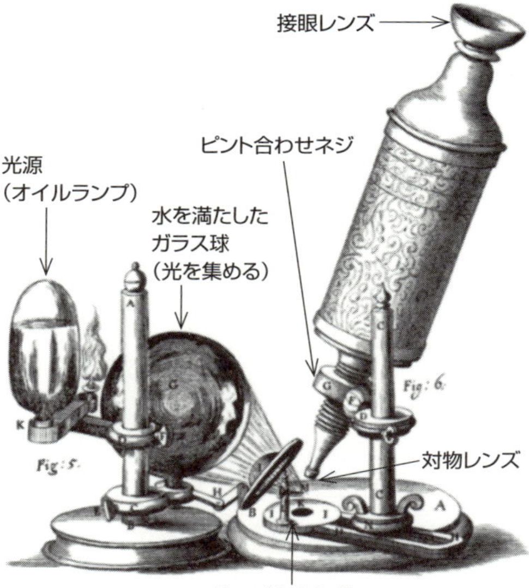
接眼レンズ
ピント合わせネジ
光源
（オイルランプ）
水を満たした
ガラス球
（光を集める）
Fig: 5.
Fig: 6.
対物レンズ
サンプルホルダー

現在の顕微鏡

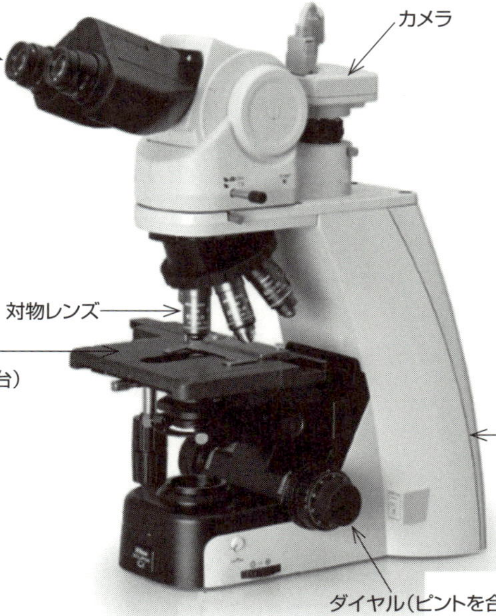
接眼レンズ
カメラ
対物レンズ
ステージ
（標本を置く台）
ランプ内蔵部
ダイヤル（ピントを合わせる）

8 カメラの始まり

小さい穴(ピンホール)で像を作る

光が直進することは、古来より知られていました。光の直進性により発生する「光のピンホール現象」もまた紀元前より知られていたようです。その後、15世紀頃になりイタリアのレオーネ・アルベルティやレオナルド・ダ・ビンチなどがピンホールを用いたピンホールカメラの記録を残しています。

ピンホールを用いて像を作る道具としてこの頃に「カメラ・オブスクラ」というものが作られました。カメラとは部屋、オブスクラとは暗いという意味のラテン語で、現在の写真機であるカメラの語源になったといわれています。

この装置は、小さな穴を開けた暗い部屋で、穴を通った光が部屋の壁に像を作るものでした。この装置で、外の景色を壁に映してできた像をなぞりスケッチしたり、日食時に太陽の様子を観察する目的で使われたようです。しかし、当時はまだ観察したり絵にしたりするだけで、写真としては残せませんでした。

その後の像を記録するための感光剤の開発・発達を待たなければなりませんでした。19世紀になりようやくいろいろな感光剤が開発され始め、最近まで使われてきたフィルムにたどり着くのです。現在ではご存知の通りフィルムは撮像素子に取って代わり、像はデジタル情報に置き換わり記録されています。

さて、このピンホールでできる像は、ピンホールの径を小さくすると像はシャープになりますが、暗い像となります。逆に径を大きくすると明るくなりますが像はぼやけてしまいます(5参照)。この欠点を解消する目的でピンホールを凸レンズに変えるようになりました。凸レンズが使われだしたのは16世紀に入ってからのことです。レンズを使うと光の入る径がレンズの直径になり、ピンホールの直径に比べ格段に大きくすることができるので像が明るくなるのです。同時に凸レンズでは、光を一点に集めることができるため、像がボケることもありません。

要点BOX

- 箱の壁に開けたピンホールを通じて外の景色が箱の反対側の壁に映るカメラ・オブスクラ
- ピンホールを凸レンズに変えると明るい像ができる

カメラ・オブスクラ

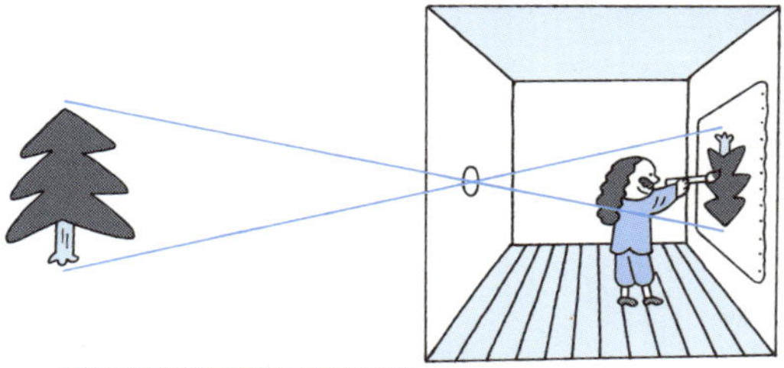

壁に開けたピンホールにより壁にできた像をなぞり、絵のスケッチなどに利用されました。

凸レンズを使ったカメラ・オブスクラ

スクリーンは蛇腹や入れ子式の構造になっていてスクリーンを前後させることができます。明るい像をスクリーン上に見ることができます。レンズは凸レンズなので像は倒立像となります。

レンズ
スクリーン
スクリーンを
前後させて
ピントを合わせる

ピンホールカメラ

ピンホールの径が大きくなると像はボケてしまいます。また、ピンホールと像面までの距離が長くても像がボケます。その最適なバランスは、幾何光学や波動光学から次の式で表されます。

$$d=k\sqrt{L}$$

d：ピンホールの直径
L：ピンホールと壁までの距離
k：定数で　0.03～0.04

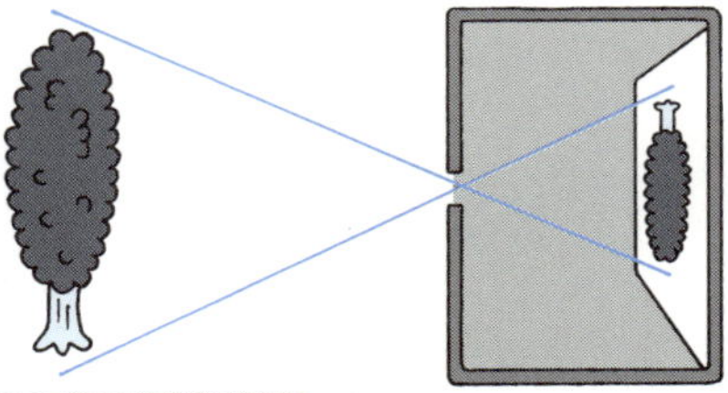

凸レンズで像を作る

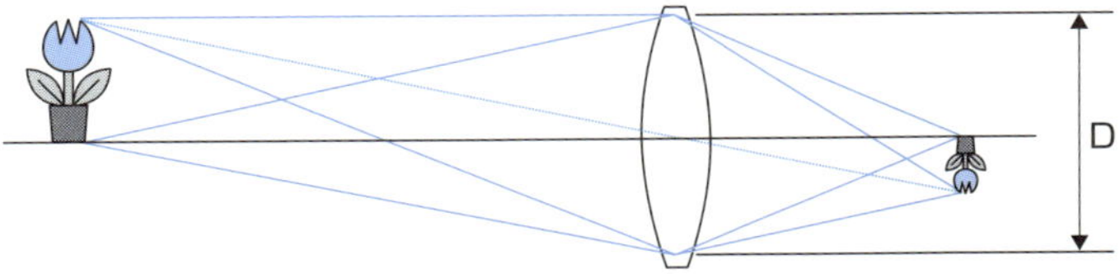
D

像を作るために取り込まれる光の大きさはレンズの直径Dの二乗に比例するので、ピンホールの場合の直径Dに比べて格段に大きくなり、像を作るために使われる光の量が増加します。このことにより、レンズを使用すると明るい像ができるのです。

用語解説

ピンホール現象：あらゆる方向へ進む光も穴を通過するとき一方向だけへの光となり、このような光により映像面に映像ができる現象のこと。このとき穴、つまりピンホールからの微量な光は映像面に、被写体の全体を部分的な粒子に分割して映像面に到達する。その結果、被写体すべての部分を光粒子に変化させる。これにより被写体すべての映像が得られることになる。

Column

光の直進性とレンズ

光はまっすぐに進みますが、直進するだけでは、その利用範囲が限られてしまいます。光の進む道を光路といいますが、光学の歴史は、この光路を曲げるための方法の歴史といっても過言ではないでしょう。このためのさまざまな工夫の結果、レンズをはじめとする様々な光学素子と呼ばれるものが作り出されてきました。

一言にレンズといっても、非常に多くの形状や種類が作られています。近年はその表面も単に球面状だけでなく、非球面や自由曲面といったものまで開発されています。

レンズの機能は光路を曲げることにあると言いましたが、光はその波長（色）によって曲がり方は異なります。また、レンズを透過できる量も波長によって変わります。ＢＫ7という一般的な光学ガラスでは、紫色よりも短い（４００㎚以下）になると、光が透過できる量が減り始め、紫外線に当たる波長（３００㎚）の光では20％程度の光量しか通過できません。

したがってこのような短い波長の光を曲げて使うような場合には、ガラスを用いたレンズを使うことはできません。そこで、短い波長でも少し工夫したミラーによって光を反射させます。凹面鏡を組み合わせて光を曲げたり集めたりすることで、レンズで作られた光学系と同様の機能を果たす光学系が考えられています。反射式光学系では、レンズのような波長による光の曲がり方の違いは発生しません。

光を曲げて像を作ることができるのは、レンズだけではないのです。レンズと同じように光を反射させて像を作っている代表的なものに反射式天体望遠鏡があります。

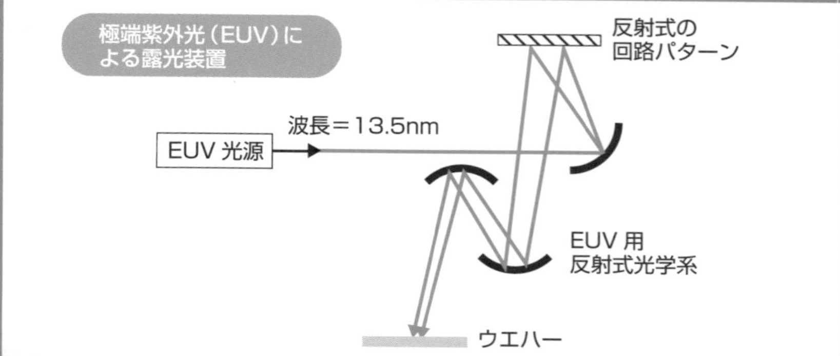
極端紫外光（EUV）による露光装置
反射式の回路パターン
波長＝13.5nm
EUV 光源
EUV 用反射式光学系
ウエハー

第2章

光について

9 明るい光と暗い光の違い

深夜の森の暗闇で、ロウソクをつけるとポォとまわりが明るくなります。また、懐中電灯をつけると照らした場所が同様に明るくなります。さらに、車のヘッドライトを点灯するともっとまわりが明るくなります。明るくしている光源によって、照らされる明るさが変わることがわかります。これはいったい何が違うのでしょうか？

光を海の波のような横波と考えると、その波の高さ（谷から山までの高さ）の半分を「光の振幅」といいます。光の明るさの程度は、この振幅の二乗に比例した大きさで表されます。つまり波の高さが2倍になると光の明るさは4倍になるということです。実は、明るい暗いという違いは多少複雑で、あくまでも、人間が感じる明るさについての感覚です。人が明るいからといって、全ての生き物が同じように明るいと感じるとは限りません。動物や昆虫の中には、人間が暗いと思われる環境でも明るくまわりを見渡せる生物もいます。これは、光の色の違いによりその明るさを感じる感度が変わるからです。

人の眼の場合、光の色（波長）と感度の関係を表す曲線は「標準比視感度」として定義されています。先に述べたロウソク、懐中電灯、ヘッドライトなど光源により色（波長）ごとのエネルギーは異なります。

明るさを定義するためには、光源のエネルギー曲線と標準比視感度曲線を掛け算して足し合わせた値が眼に感じる明るさとなります。単位面積当たりのその明るさを「照度」といい、ルックスという単位で表します。明るさを測る測定器として照度計があります。これは、人の眼で見たときの明るさを測定値として数値化してくれるものです。もちろん測定単位はルックスとなります。

文部科学省は学校の教室や理科室の部屋の明るさを300ルックス以上、黒板の前は500ルックス以上が望ましいと環境衛生基準で規定しています。

要点BOX

- 光の明るさは、振幅の二乗に比例する
- 光源により色（波長）が変わる
- 人の眼の「標準比視感度」が関係する

明るさの強弱

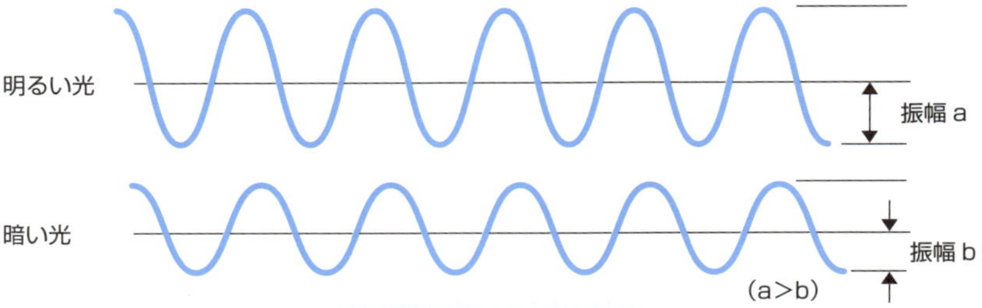
明るい光
振幅 a
暗い光
振幅 b
(a>b)

(振幅)^2 ∝ 明るさ

眼に感じる明るさの測定(白熱電球の明るさ)

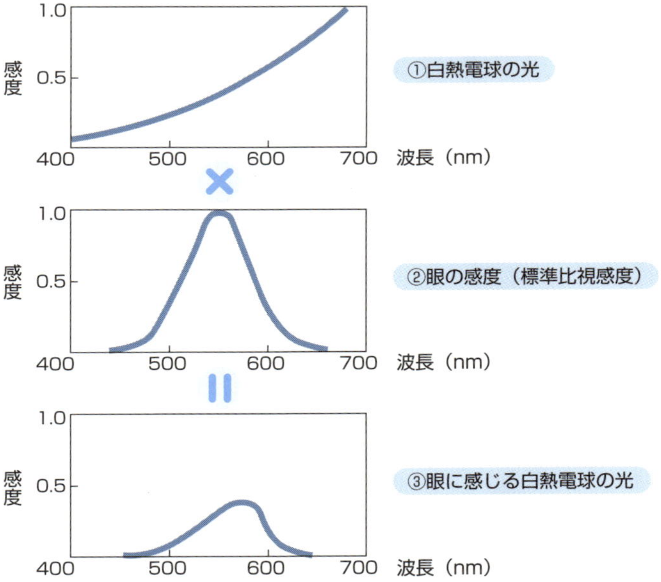
1.0
感度 0.5
400 500 600 700 波長(nm)
①白熱電球の光
×
1.0
感度 0.5
400 500 600 700 波長(nm)
②眼の感度(標準比視感度)
=
1.0
感度 0.5
400 500 600 700 波長(nm)
③眼に感じる白熱電球の光

照度計での計測

52.5
この白熱電球の眼に感じる明るさは、52.5ルックスの明るさ
センサー
(眼の感度と同じ特性を持つ)

10 光の色

人は光を色としても識別できます。日本では虹の色を七色として表現をしてきました。紫、藍、青、緑、黄、橙、赤の七色です。光を波として考えたとき、山から山までの距離を波長といいます。光の色はこの波長と一対一で対応しているのです。波長400ナノメートル（nm）は紫色、550ナノメートル（nm）は緑色といった具合です。人の眼で光を認識して見える波長域には、限りがありどんな光でも見えるわけではありません。人はおおよそ380～780ナノメートルの波長域しか見て感じることができません。その範囲以外の光は、例え光が照射されていても真っ暗で何も見えないのです。この人の眼に見える波長域を「可視光域」といいます。

太陽の光をプリズムに通すときれいな光の帯が現れます。この帯を「光のスペクトル」といいます。このスペクトルを見てみると先ほど述べた紫色の帯から赤色の帯までの七色を見ることができるため、太陽の光はこの七色からできているように見えます。事実、人の眼にはこの七色（380～780ナノメートルの光）の帯しか見えません。しかし本当は、太陽の光はもっともっと広い範囲の光が出ているのです。プリズムでできた帯の紫の外の何も見えていないところにも光が来て、帯が続いているのです。人の眼には見えないだけです。この見えない紫の外側にある光を紫の外の光ということで「紫外光」といいます。同様に赤色の見えない外側の光を「赤外光」といいます。このように人は光の可視域光の範囲しか見えていないのです。

光の色を七色といいましたが、七色の間にも異なる色を感じることができます。実際の身のまわりにある光の色は様々な波長が混ざって構成されています。実際、太陽の光の色は確かに七色でできていますが、それらが混ざって白っぽく見えています。逆に光を混ぜることもできます。赤色と緑色と紫の三つの光を一ケ所に当てるとなんと白色になります。しかし絵の具でこの三色を混ぜると黒色になってしまいます。

要点BOX
- 光の色は波長によって決まる
- 人の眼に見える光の色は可視光域に限られる
- 人の眼に見えない光の領域、紫外光と赤外光

太陽の光のスペクトル

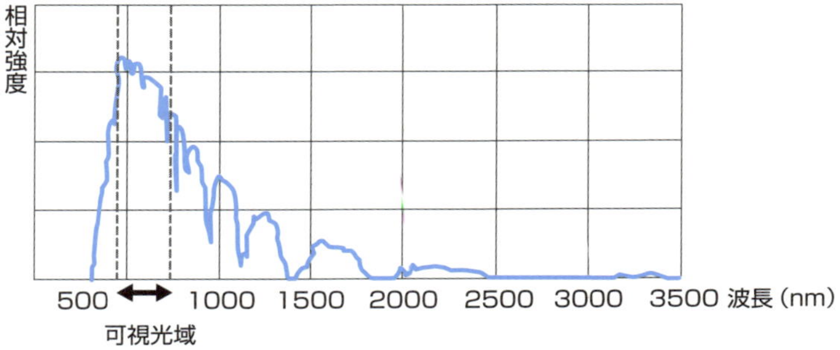
相対強度
500
1000
1500
2000
2500
3000
3500
波長（nm）
可視光域

人の眼に見える波長域

プリズムによる太陽光の分光

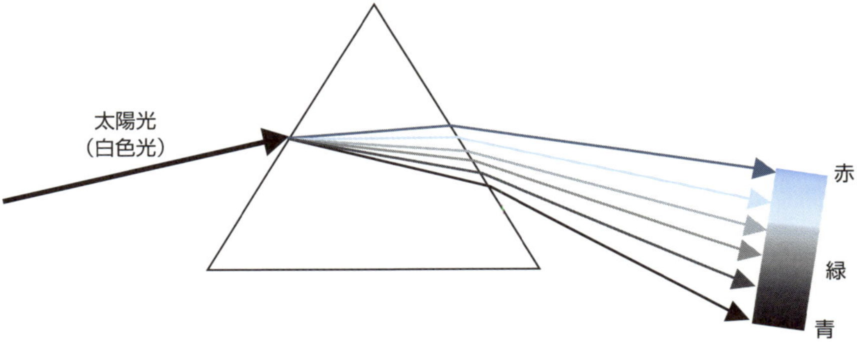
太陽光
（白色光）
赤
緑
青

可視域と紫外光赤外光

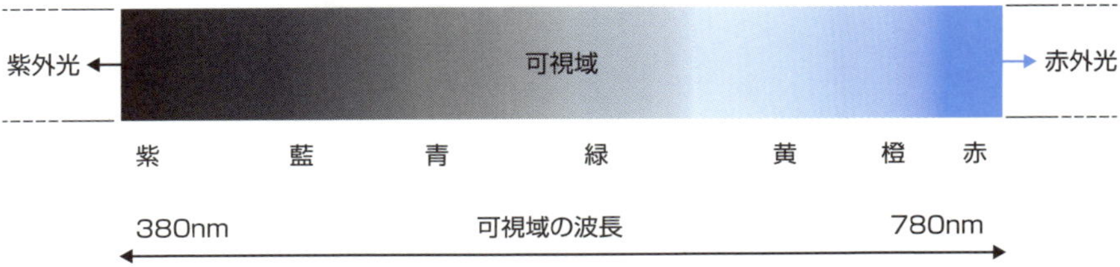
紫外光
可視域
赤外光
紫
藍
青
緑
黄
橙
赤
380nm
可視域の波長
780nm

11 光の進み方

古来より光はまっすぐに進むと考えられていました。ところが近年になり光は重力により曲がることがわかってきました。しかし、少なくとも地球上で私たちが見ているような光については、まっすぐに進むと見て差し支えはありません。物体によってできた影を見ると、人はその光源の位置を影と物体を結んだ直線上にあると推定してしまいます。また、鏡に映ったものを見ると人はその物体が、あたかも鏡の裏側に存在しているかのように思ってしまいます。光の進み方は直線であると人の記憶に染み付いているようで、それを一般的には疑いません。

光は何かという疑問は昔からいろいろと考えられてきました。この光の本質に迫る疑問にいろいろな人が挑戦してきました。ニュートンは、光は粒子であるとする「粒子説」を唱えていましたが、一方、光は波であるとする「波動説」を唱えていたのがホイヘンスでした。光は粒子であるかそれとも波であるかという議論が長らく続きました。

ヤングの実験などから〝ついたて〟の陰へも光が回り込む現象により、光は波であるとの説の支持者も増えていきました。しかし、波であるとすると太陽の光が地球に届くまでの宇宙空間に何か媒介するものがないと伝わらないことになります。そこで一時、宇宙には「エーテル」という物質が充満していて、これが光の波を伝える役目を果たしていると説明されていました。後にこのエーテルは存在しないことが証明されます。現在では、光はいろいろある電磁波の一つであると考えることが一般的になっています。

光を利用する光学素子であるレンズを設計するにあたって、光を粒子であるとしてその軌跡を直線で表す「幾何光学」を大部分使用しています。一方の光を波として考え取り扱う「波動光学」はレンズの解像力や光の干渉を利用した製品の設計などに利用されています。

要点BOX
- ●光の進行はまっすぐにも曲がったりもする
- ●光は波であり粒子でもある
- ●光を利用するための幾何光学と波動光学

光の直進性

光の直進性

光源から出た光は、出た方向にまっすぐに進んでいるように見えます。

光源から出た光は、ランプに当たった後もまっすぐに進むため、壁にランプのシルエットが描かれているように見えます。

光の波としての性質

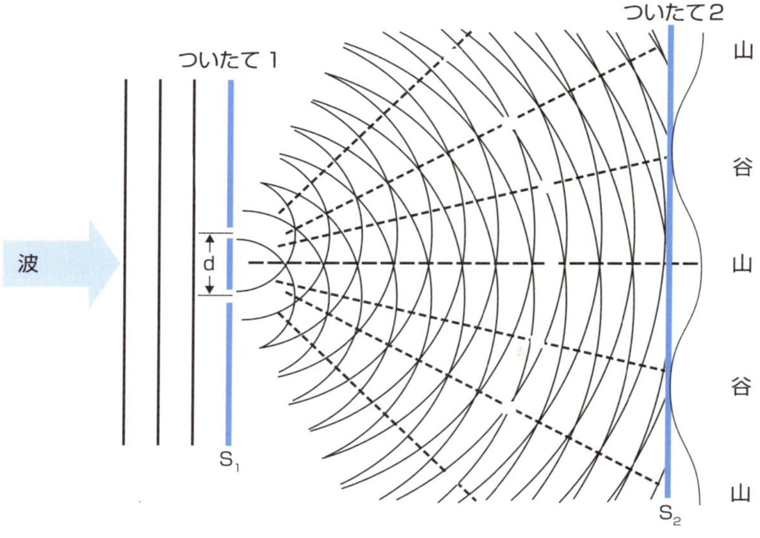

ついたて2
ついたて 1
波
d
S_1
S_2
山
谷
山
谷
山

波がついたて(S_1)にある2つのスリットに当たると、そこから2つの円形の波が新たに発生します。ついたての後方にある面(S_2)では、場所により2つの波の山、谷が重なり大きな山と谷ができます。光の場合も全く同じように、ついたて(S_2)上の山に当たるところは明るく、谷に当たる場所は暗くなる縞模様が現れます

12 反射したり透過する光

レンズやプリズムは光が透過する性質を利用

光は物体により反射したり透過したりします。鏡のような表面のものに光が当たると反射して光の光路が折れ曲がります。また、ガラスのような透明物体に光が当たるとその一部は内部に入り、一部は表面で反射して光路が二つに分かれます。ガラスのような物体では一つの光を①反射する光と②透過する光の二つに分割することができます。このことを応用してCDやDVDプレイヤーの信号処理が行われています。

①光の反射において、入射点では光の入射角度に等しい反射角度で光が反射されます。道路の曲がり角にあるミラー（凸面鏡）では、光の反射を利用して、見えない道の様子を見ることができます。曲がり角度が直角な道では、ミラーの角度は45度の向きに設置されているのがわかります。また、顔を映す鏡は、眼の視線と正しく直角に向けないと自分の顔を見ることができないのは経験的に知っていて意識していませんが、これは反射の法則から説明されます。

光を平面の鏡を使いねらったところに返す場合、その距離が遠くなればなるほど鏡の向きを正確に、極めて微小の角度を調整して設定しなければなりません。これを解消するために、コーナーキューブ・プリズムという極めてシンプルなプリズムが考え出されています。このプリズムは、どんな向きにしても入ってきた光の方向と同じ向きに光を反射させることができます。遠くまで距離を測る測距装置のミラーなどに使われています。

②透過する光を活用する代表がレンズです。像を作ったり光量を信号として使うために用いられます。入った光を透過させ、一つに集めたり発散させたりする光学素子の一つです。このほか光の透過を利用して光の向きを変えたり、左右および上下を反転させるためのプリズムなどがあり、カメラをはじめとする光学機器に数多く利用されています。また、メガネのレンズも光の透過を利用しています。

要点BOX
- 透明物体に光が当たると反射する光と透過する光に分かれる
- ミラー、レンズなどは光の機能を使う光学素子

ミラーによる光の反射

ミラーに反射して見えない場所にある車が見える
45°
入射角＝出射角
出射角
入射角
曲面の場合
出射角
入射角
平面の場合

コーナーキューブ・プリズム

光が入った方向と同じ方向に光を反射させる

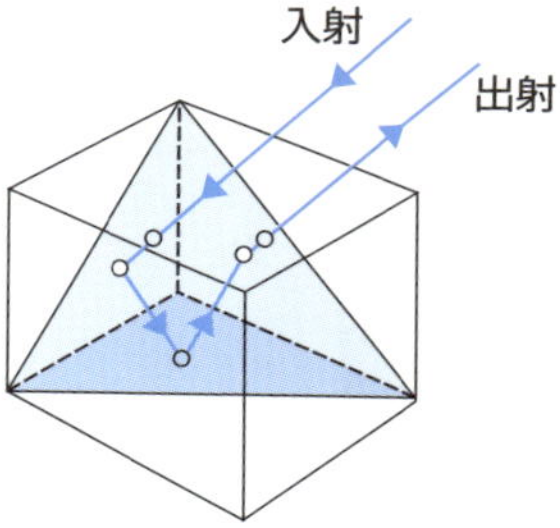
入射
出射

プリズム

光路の向きを変える

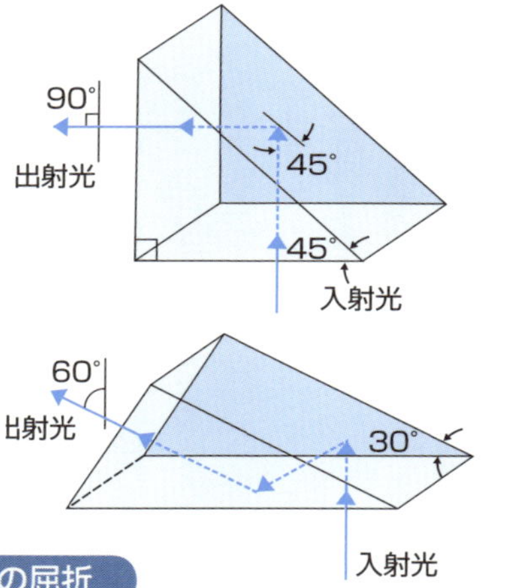
90°
出射光
45°
45°
入射光
60°
出射光
30°
入射光

レンズによる光の屈折

光を集めたり、発散させる

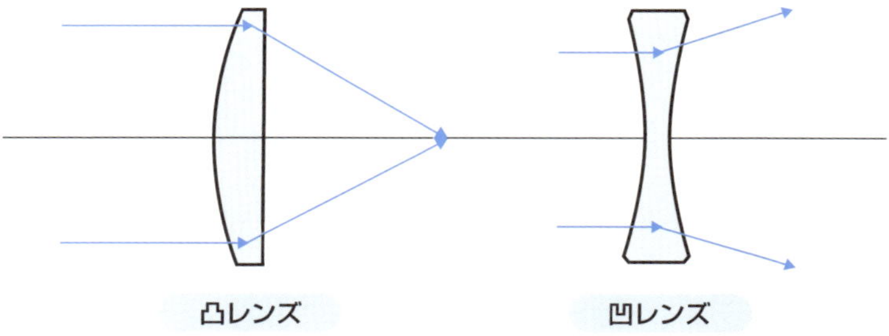
凸レンズ
凹レンズ

13 光の通り道は決まっている

異なる媒質の境界面では光が折れ曲がる

光は異なる媒質の中をどのような経路で進むのでしょうか？　そこで、地点Aから川の中の地点Bまで人が歩いていくことを考えてみます。川の中を歩くときには水の抵抗を受けるため、陸地を歩くときより時間がかかります。このような場合に地点Bに最も早く到着するためのルートを考えてみましょう。距離が最短になるコースは地点Aと地点Bを結ぶ直線のコース②ですが、川を横切る距離は川を真横に横切るコースと比べると長くなるため時間がかかりそうです。そこでいくつかの計算をすることにより時間が最短になるコース①が求まります。

実は、この時間が最短になるコース①は、地点ABを光が通るコースと一致します。このことを説明したのがフランスの数学者フェルマーで、これを「フェルマーの原理」といいます。このフェルマーの原理を用いて 14 で述べる屈折の法則「スネルの法則」を説明することもできます。どちらも光が異なる媒質の境界を通過するとき折り曲がった光路を通ることを説明する原理です。なお、境界面で光路が折れ曲がることを光が「屈折」するといいます。

レンズを用いた光学系は光がレンズ面で屈折するため、「屈折光学系」と呼ばれることがあります。

境界面で光のコースが変化する原因は、それらの媒質中の光の速度が異なることにより生じています。光の速度は表に示すように物質によってかなり違います。なお真空中と空気中ではほぼ同じ30万キロメートル／秒となっています。レンズの材料であるガラスの中では、空気中の光速の2／3に遅くなってしまいます。このため物質中を通過した光と物質中を通過しない光が出会うと、二つの光の波にズレが発生します。この原理を用いて透明な物体を眼に見えるようにした位相差顕微鏡などが開発されています。ただし、普段私たちは、このような光の速度の変化を感じ取ることはできません。

要点BOX

- ●光の通る道は、通過時間が最短になるコースを選び通過する（屈折）
- ●フェルマーの原理とスネルの法則が屈折を説明

フェルマーの原理─光の進む経路

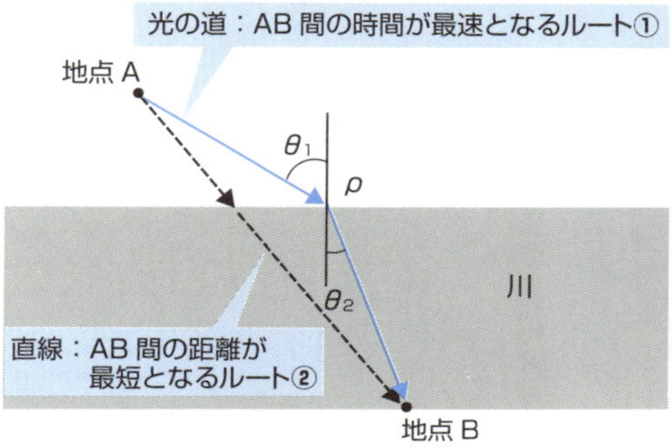

光の道：AB 間の時間が最速となるルート①
地点 A
θ1
ρ
θ2
川
直線：AB 間の距離が
最短となるルート②
地点 B

光の速度

真空中	30	万km/sec
空気中	30	万km/sec
水中	22.5	万km/sec
エチルアルコール	22	万km/sec
水晶	19.5	万km/sec
ガラス	20	万km/sec
サファイア	17	万km/sec
ダイアモンド	12.5	万km/sec

ガラス中では光の速度が遅くなる

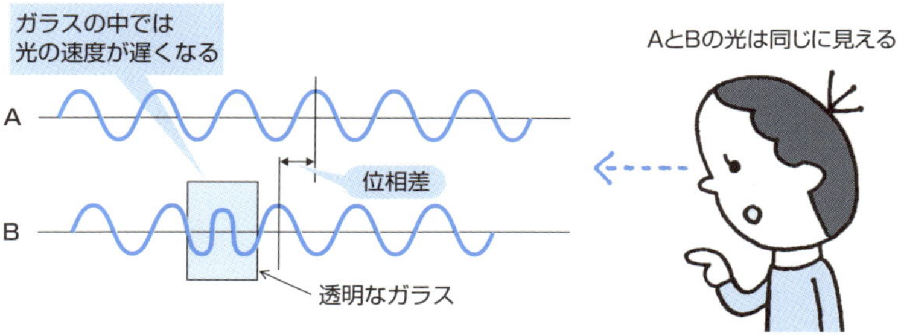

ガラスの中では
光の速度が遅くなる
A
位相差
B
透明なガラス
AとBの光は同じに見える

ガラス中では光の速度が遅くなるため、光のズレである位相差が発生します。この位相差は人の眼には認識することができないので透明なガラスの存在はわかりません。

レンズによる光の屈折

レンズの各境界面で光路が屈折します

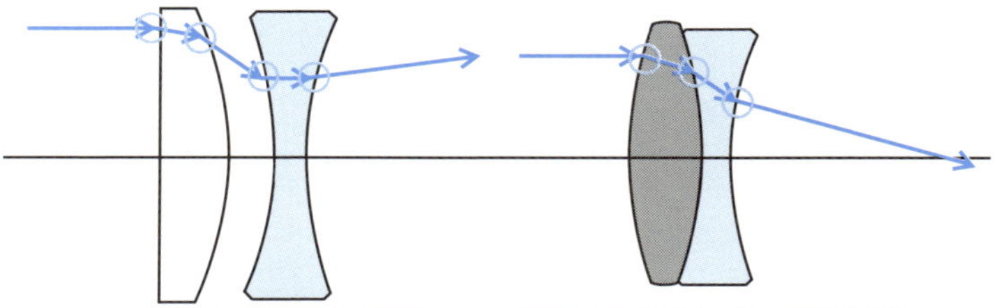

①2枚のレンズが離れている場合

レンズの境界面は4面ある

②2枚のレンズが接している場合

張り合わせ面は1面となるため、
全部で境界面は3箇所

14 ガラスに入ったときの光の曲がり方

スネルの法則

水中やガラスや透明プラスチックに光が入った時には、その境界面で光の光路が曲がることはよく経験することです。ではどのようにどの程度、曲がるのでしょうか？

これについて17世紀はじめにオランダのスネルという数学者がこの問題に取り組みました。彼はさまざまなガラスを用いて実験を重ねてそのデータから「スネルの法則」という規則を見つけました。これは光が物質中へ入射する大きさ(図中A)と出射する大きさ(図中B)の比は、いつもその物質の屈折率(n)になるという極めてシンプルなものでした。どんな角度で光が入射しても、いつでもその比率(A／B)は一定であるということです。現在は、三角関数を用いてこのスネルの法則を表して使用しています。

レンズのように境界面が曲面であるような場合においても、スネルの法則は、しっかりと成立しています。光学機器には、多くのレンズが一つのシステムとして使われています。この複数枚のレンズを設計する光学設計では、スネルの法則を用いて、レンズ境界面に入射した光が曲がる角度を一面ずつ次から次に計算していき、最後のレンズを出た光がどの方向に進んでいくかを計算していきます。これを「光線追跡」といいます。レンズを設計する上でこのスネルの法則は最も重要で多用する法則の一つです。

しかし、スネルの法則には別の面がありレンズを設計する上で考慮しておかなければなりません。スネルの法則は物質の屈折率に応じた一定の光の曲がる割合を示していますが、物質の屈折率は光の波長により変わってしまいます。つまり、光の波長により光の曲がる量が変わってしまうので、全ての波長の光が一点に集まらないのです。このことにより、レンズで作られる像に色づきがでたり、解像力が劣化したりします。そこで、光が一点に集まるようにするために、複数のレンズを用いる必要があります。

要点BOX

- 光の曲がる割合は、物質の屈折率に応じて決まる
- レンズの設計にもスネルの法則を活用
- 光の波長により曲がり方が変わる

スネルの屈折の法則

①入射角が小さいとき

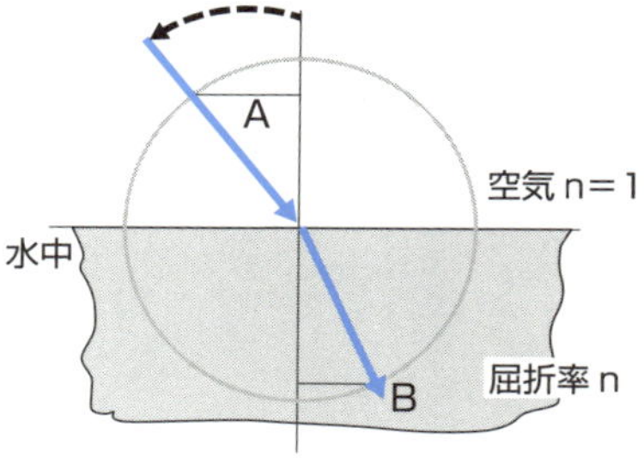

A
空気 n＝1
水中
屈折率 n
B

$$\frac{A}{B} = n = \text{一定}$$

②入射角が大きいとき

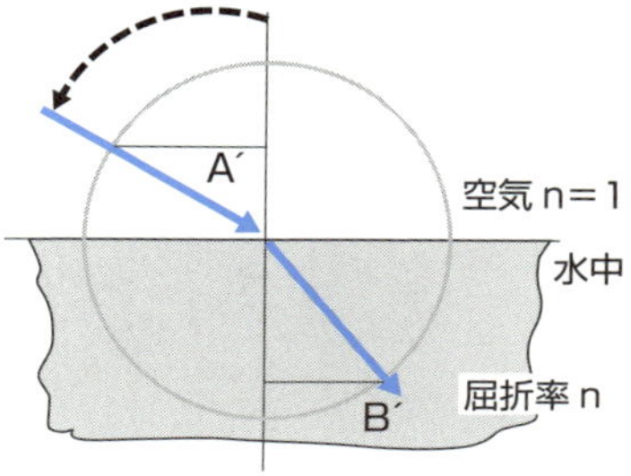

A´
空気 n＝1
水中
屈折率 n
B´

$$\frac{A'}{B'} = n = \text{一定}$$

どんな角度で入射してもスネルの提案した式（A/B＝n）が成り立つように光は曲がります。

レンズ面（曲面）におけるスネルの法則

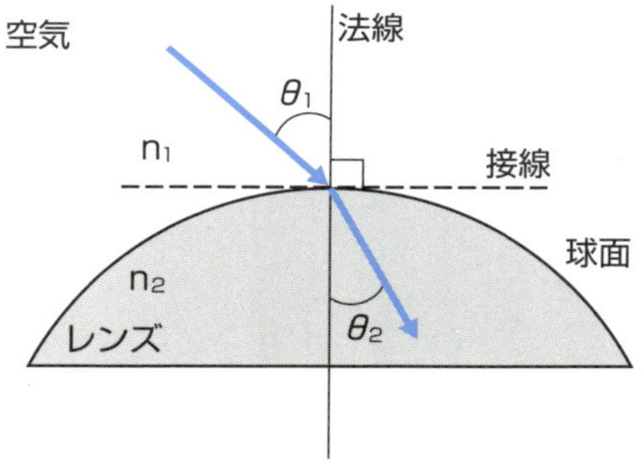

空気
法線
θ_1
n_1
接線
球面
n_2
レンズ
θ_2

光が入り込む面が曲面の場合も、入射点の法線に対する入射角と出射角の関係にスネルの法則が当てはまります。

スネルの法則の式

$$n_1 \cdot \sin\theta_1 = n_2 \cdot \sin\theta_2$$

波長による屈折角の違い

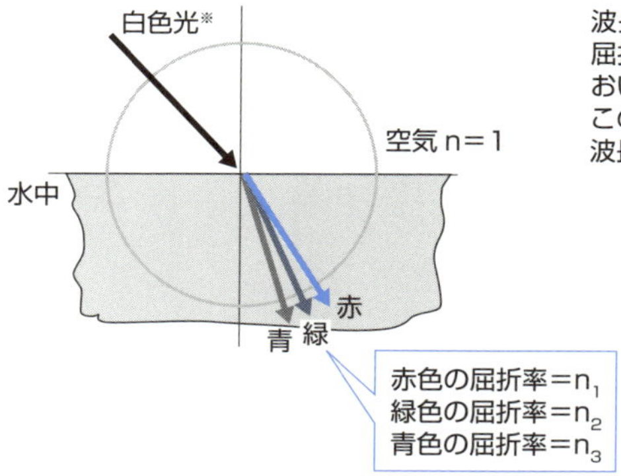

白色光※
空気 n＝1
水中
赤
緑
青
赤色の屈折率＝n_1
緑色の屈折率＝n_2
青色の屈折率＝n_3

波長が異なると媒質の屈折率が異なります。屈折率は異なるものの、それぞれの屈折率においてスネルの法則が成立しています。
このために、波長により曲がる角度が変わり、波長が短いほど曲がり方が大きくなります。

$$n_1 < n_2 < n_3$$

※ここでいう白色とは、いろいろな波長が混ざった光

15 波のように進む光

光の回折現象

光は粒子か波かについては、昔から様々な議論が行われていました。17世紀後半にはニュートンが粒子説を、また同じ頃、ホイヘンスが波動説を唱えていました。現在では、光は電磁波の一種で、波という性質の他、エネルギーを持った粒子であるという結論に達しました。光学製品に欠かせないレンズを作る上では、光の本質とは別に、光を粒子として扱ったり、波として扱ったりして両方の理論を状況に応じて使い分けて活用しています。

光の波としての性質を見ていきます。海の防波堤に小さな隙間ができているとします。ここに波が当るとその隙間を通った後、波は広がっていきます。ここで光を波ではなく粒子として考えると、隙間を通った粒子は隙間からまっすぐに進み、広がらずに進むはずです。この波のようなふるまいによる光の広がりを「光の回折現象」といいます。隙間の大きさが波長の数倍程度のときにこの広がりが起こりますが、隙間が波長より十分広いときには波は広がらずまっすぐに進みます。光の回り込みについて、晴れた日に日の光の中に物体を置きその影を見ると、影の淵はぼやけて見えることを経験していると思います。これは光が内側に回りこんでいることによります。

光の回折現象により、どんなに倍率を大きくしたレンズを用いても拡大した像には解像力の限界が存在し、見える限界があります。光の持つ波の性質のために起こる「光の回折」の他に、「光の干渉」という性質が存在します。このような性質から、光を扱うレンズを設計・製造するときには制限があり、何でもできるというわけにはいきません。逆にこの性質を使い、眼に見えないものを見えるようにすることもできます。13の中段の図のようなときガラスの破片は人の眼に見えないのですが、光の位相差を光の干渉を使い色の違いに変換することで私たちもガラスの存在を眼で見てわかるようになります。

要点BOX

- 光の粒子説と波動説の両立
- 狭いところを通過すると影の部分に光が回り込む光の回折現象

海の波の回折

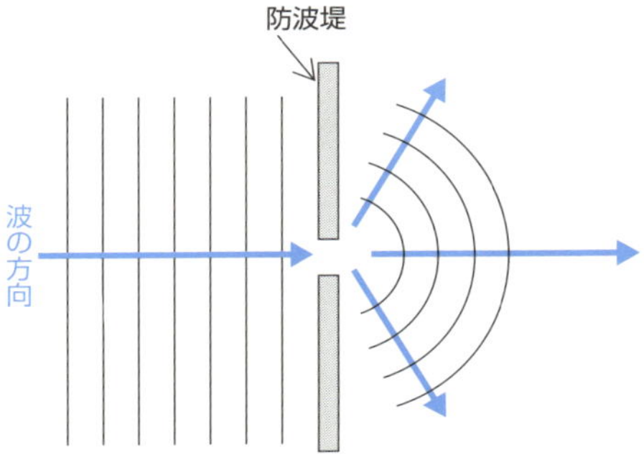
防波堤
波の方向

防波堤の隙間の幅が波の波長の数倍程度のときには隙間を通った波は、広がっていきます。

太陽の光による影のでき方

物体
影

太陽によりできる影をよく見ると、その影の淵はぼやけているのがわかります。
これは、光が影の方へ回り込んでいるために起こります。もし光がまっすぐに進んでいるならはっきりした影ができるはずです。しかし実際には像がボケてしまうことから光の回折現象が起こっていることがわかります。

レンズによりできる像の例

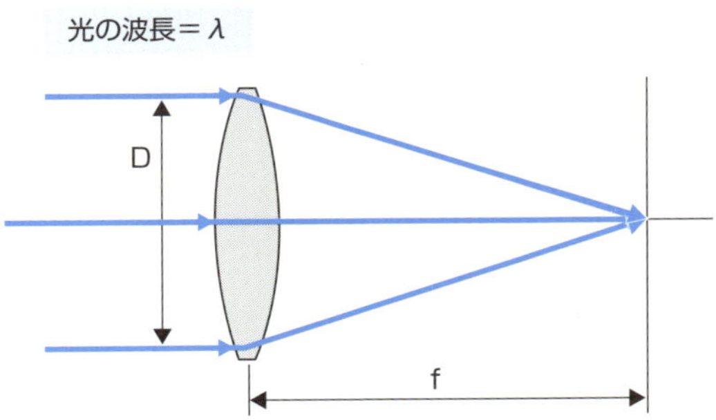
光の波長＝λ
D
f

レンズにより太陽の光を1点に集めて、黒く塗った紙面に当てて紙を燃やしたことがある人も多いと思います。このとき、1点に光が集まっているように見えますが、よくその1点を見ていると、点ではなくある大きさを持っていることがわかります。光は広がるためなかなか1点には集まりません。この広がりは、「レンズによる収差」のためで、光の回折により針の穴のようには小さくならないのです。

16 光が重なると明るさや色が変わる

光の干渉現象

水面に発生した二つの波がぶつかることを考えてみます。それぞれの波の山と山、谷と谷がちょうど重なったときには波の振幅は大きくなり、山と谷同士が重なるように出会うと、振幅はほとんどゼロになります。光の場合も同じような状況になり、振幅が大きくなると明るく、小さくなると暗くなります。このように光が重なり明るさが変わることを「光の干渉」といいます。

光が干渉する実験で有名な「ヤングの干渉実験」は、光が波であることを想定した実験でした。この実験で見られる縞を干渉縞といいますが、干渉縞の現れる位置は、大変簡単に求めることができます。この他に、光の干渉により現れる現象は私たちの身のまわりに数多く見ることができます。例えば、シャボン玉の表面に見える虹色などはこの光の干渉現象によります。太陽の光にはいろいろな波長が含まれていますが、それぞれがシャボン玉の膜の表面と裏面で反射した光同士が重なり干渉することにより、波長によって強めあったり弱めあったりして、様々な色としてシャボン玉の表面に現れることになります。さらに、雨上がりの空に現れる虹もまさに光の干渉により説明することができます。

一方、CDやDVDなどの表面を見ると同じように色づいて見える現象も、光の干渉の作用が引き起こしています。この場合にはCDなどの表面にある大変細かな凹凸により、光が色々の方向に乱反射しています。乱反射した光同士の波が重なったときに、波長ごとにお互いに振幅を強めあったり、弱めあったりすることにより起こっています。つまり、青い色の波長は強めあい、その他の波長は打ち消しあったり弱めあったりしているような場合には、反射する光は青色の光を中心に見えるといった具合です。

この干渉現象を逆に使い、レンズ表面での反射光を減らすための大変重要なコートが開発されました。

要点BOX

- 2つの光の波の重なり具合によって、強めあったり弱めあったりする
- 波の山と山が重なると光は強まる
- 虹やシャボン玉、CDの反射光の色づきは光の干渉

ヤングの干渉実験

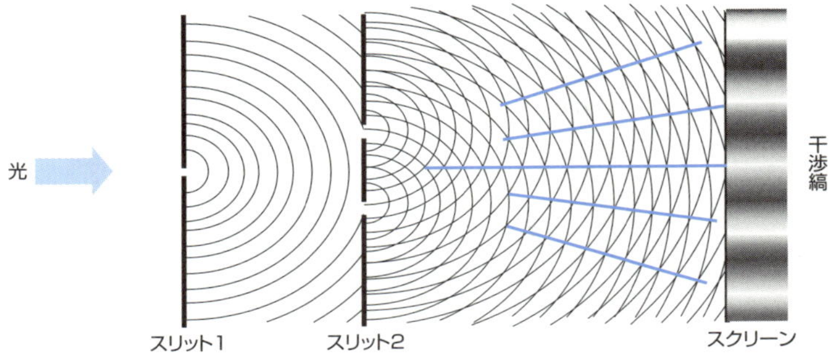

光
スリット1
スリット2
スクリーン
干渉縞

スリット1に入射した光は回折してスリットに2に入ります。スリット2からはそれぞれやはり回折した光が出ていきますが、スクリーン上で2箇所から出た光同士が山と山の状態で重なると強めあって明るくなります。一方、山と谷が重なる場所では暗くなるため、スクリーンには図のような明暗の縞模様が表れます。

2つの光の干渉

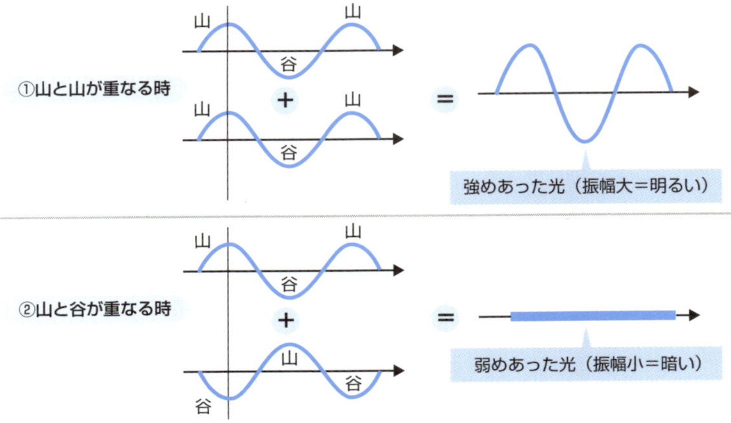

①山と山が重なる時
山
谷
+
=
強めあった光（振幅大＝明るい）
②山と谷が重なる時
弱めあった光（振幅小＝暗い）

シャボン玉の表面の干渉色

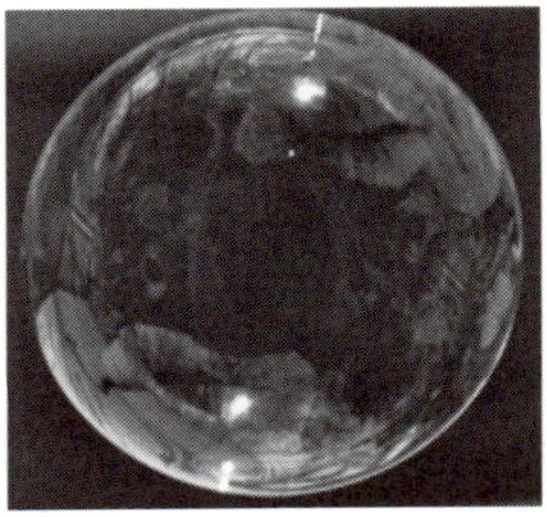

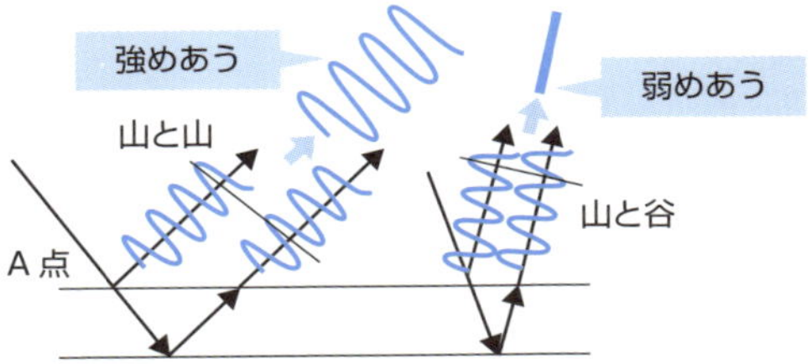

強めあう
弱めあう
山と山
山と谷
A 点

シャボン玉が球状であるため、見る場所によりシャボン玉膜の表面と裏面で反射された光に光路長差が出ます。同じ光路長差でも、強めあったり弱めあったりの違いが出ることにより、シャボン玉の表面はいろいろな色に見えるのです。

17 光の振動方向に偏った光

光を海面でよく見る波のような形をしたものであると考えて、この一つの波の山から山までの長さを「波長」、山の頂上から谷底までの長さの半分を「振幅」といいます。そして海水の波の上下する方向を「振動方向」といい、海の波のように一方向に振動している場合を「直線偏光」または「平面偏光」といいます。このように振動方向がある方向に偏った光を「偏光」といいます。

この光の偏光を上手に利用すると大変有用な機能を光に持たせることができ、いろいろな製品に利用されています。また、自然界にもこの光の偏光がいろいろなところに発生していますが、残念ながら人間の目には、この光の偏り具合（光の偏光）を認識することはできません。そこで、一つの振動方向だけを透過させる「偏光板」というものがあり、これを使うと自然界に発生している偏光を眼で見ることができるようになります。

太陽の光のような自然光や白熱電球のような光は、全ての方向に振動している光です。これらの光が水たまりやショウウインドウのガラス面に当たると、その反射光は、その面に平行な振動方向の光が中心の光（偏光）に変わります。ここで、反射光の振動方向と直角な方向になるように偏光板を通すことで、反射光をカットして見ることができます。

偏光板の機能をうまく利用したものが「偏光サングラス」です。偏光サングラスは、雨降り後の道路の水たまりで反射した太陽光をカットして、眩しくないようにするものです。また、私たちの身のまわりにある液晶テレビの画面やパソコンのモニター画面などにはこの偏光板が使われています。一部の自然界にある鉱物（方解石など）では、その透過した光が二つの振動方向の偏光に変換されます。二つの偏光の進行方向のズレ量は、鉱物の種類により決まっています。

要点BOX
- ●振動方向が一方向に偏った直線偏光
- ●一方向の偏光を取り出す「偏光板」
- ●反射光は偏光された光になる

光の波長と振幅

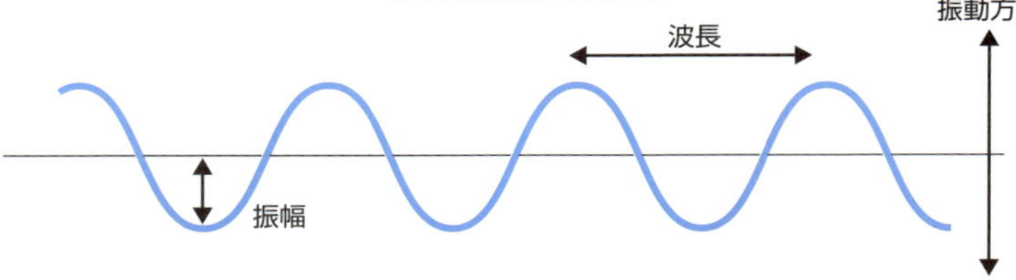
振動方向
波長
振幅

自然界の光の振動方向

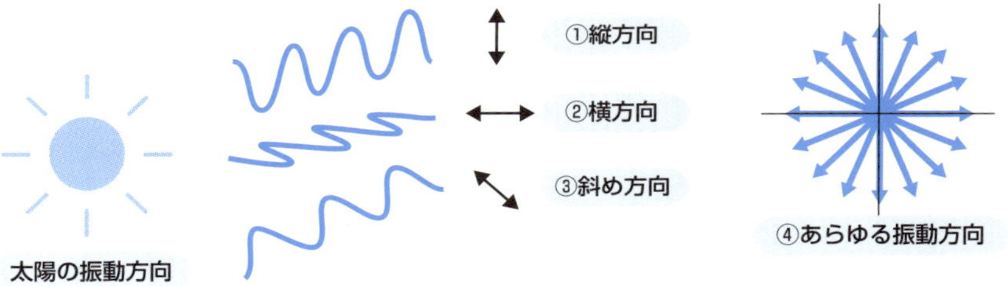
①縦方向
②横方向
③斜め方向
④あらゆる振動方向
太陽の振動方向

偏光の度合い

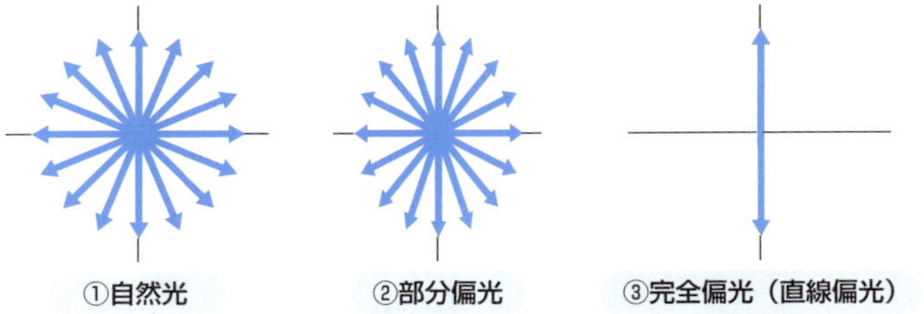
①自然光
②部分偏光
③完全偏光（直線偏光）

反射による偏光の除去

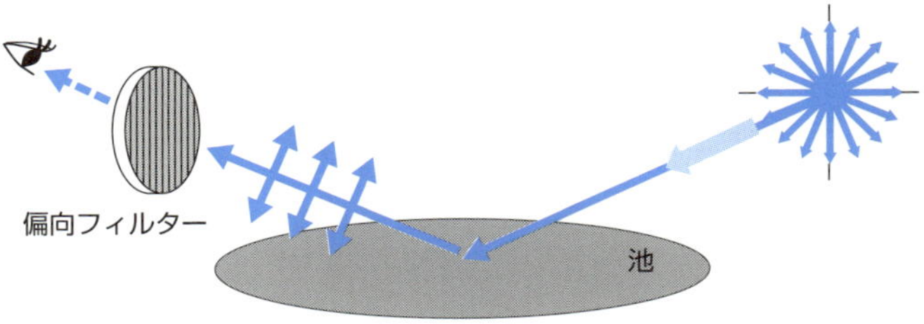
偏向フィルター
池

偏光板なし

空の光が映って中が見えない

偏光板あり

空の光をカットすることで
中が見えるようになる

18 光の色により曲がり方が違う

光の分散

14では、光は屈折率によりレンズに入ったとき光路が曲がる量がスネルの法則により決まり、光の色は波長の長さで決まっていることを解説しました。

太陽光は、いろいろな波長の光が混ざっています。このとき各波長（光の色）ごとに光の曲がる量は変わります。実は、物質の屈折率は光の波長ごとに定義されています。青色の光は赤色の光の屈折率に比較して、大きな値になっています。このため、レンズに入った青色の光は赤色の光に比べて大きく曲がります。この波長による屈折率の差を「分散」という指標で表しており、ガラスの種類に応じて分散値は異なっています。

光には分散があるため、ガラスでできているレンズで作られる像には光の屈折率の違いにより色のにじみが現れることになります。この像に発生するにじみを光学では「色収差」といいます。望遠鏡やカメラ、顕微鏡などの光学機器に使われているレンズについてはこの色収差などを極力除くために、複数のレンズを組み合わせなければならない一つの理由になっています。また、レンズが重く高価なものになっている理由でもあります。

光の色により曲がる量が異なることを利用しているものもあります。プリズムに入った光をこの分散により波長ごとに分けて取り出し、光を発生している光源の組成を調べる分析装置があります。このようなプリズムや回折格子などを使い光を分析する装置を「分光装置」といいます。この分光装置で、実際に近くに行って見てみなくても太陽や遠くの星の構成物質を調べることができます。これは物質により光の特定波長を吸収する性質が異なることを利用しています。同様に、手元の物質が何からできているかを分析するための一つの手段としても、よく利用されています。このように光の屈折率の違いを利用して物質を分析する方法として、物質から発光された光を分析する「発光分析」と、光を当てて吸収波長を分析する「吸収分光」などがあります。

要点BOX

- ガラスの種類により分散値が異なる
- レンズは波長により光の曲がり方が異なる（色収差）
- 光の色と波長を使い分析する「分光装置」

光の波長(色)による曲がり方の違い

①プリズムの場合

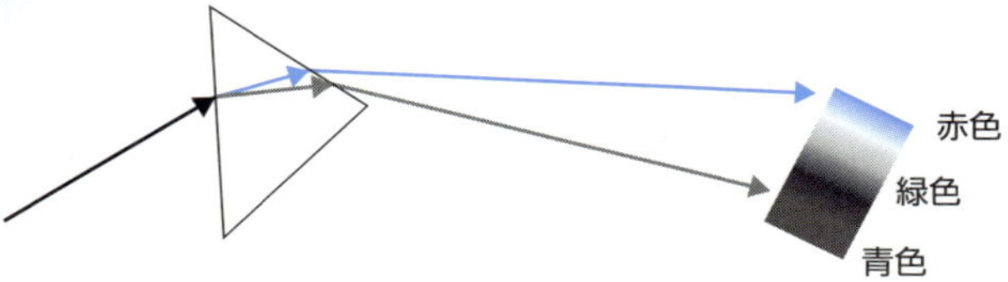
赤色
緑色
青色

②レンズの場合

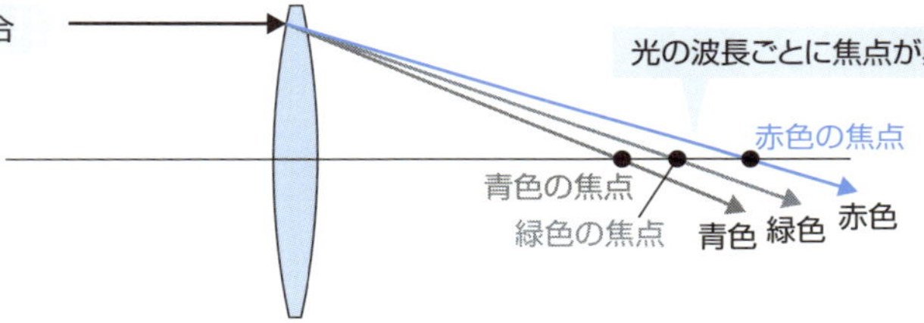
光の波長ごとに焦点が異なる
赤色の焦点
青色の焦点
緑色の焦点
青色
緑色
赤色

波長により、ガラスの屈折率が異なります。
波長が短くなると屈折率が大きくなり、光路の曲がり方が大きくなります。

色消しレンズ

屈折率の異なる素材のレンズを組み合せることで色収差の影響を小さくできます。

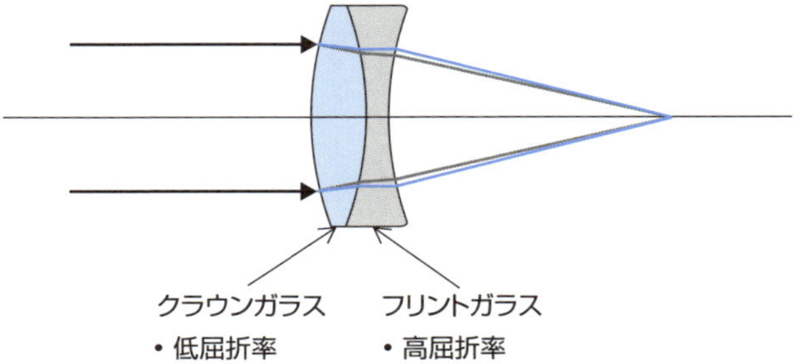
クラウンガラス
・低屈折率
・低分散
フリントガラス
・高屈折率
・高低分散

太陽光の吸収スペクトル例のイメージ

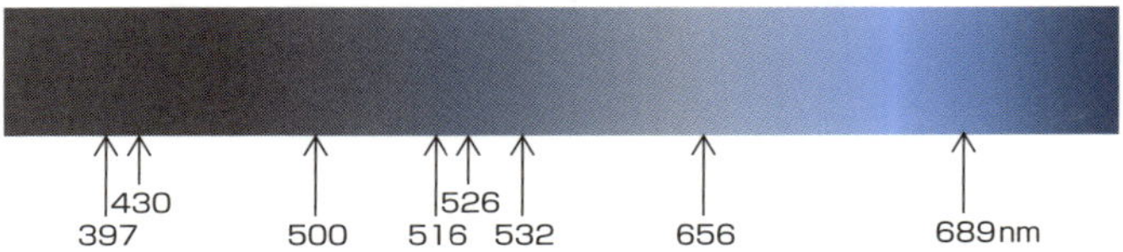
397
430
500
516
526
532
656
689nm

(大気中の物質の吸収波長も含まれる)

スペクトルの中にはいくつかの暗線(吸収線)が見られます。これは太陽からの光が途中の太陽大気中の原子や、地球大気中の分子によって共鳴吸収されるために生じたもので、「フラウンフォーファー線」と呼ばれています。

19 光路を直線で理解する

光を粒子として考え、その粒子が飛んでいった軌跡を直線で表し、光の光路を予測する方法を体系化したものに「幾何光学」があります。光の通り道を極めてシンプルに直線で表し、レンズ設計を直感的に行うことができる有用な方法です。個々のレンズの形状を決めたり、複数のレンズを組み合わせてレンズシステムを作製するレンズ設計では、光の進む道を想定するのに幾何光学が活用されています。

レンズにより光路を曲げたり（屈折）、プリズムやミラーにより光路を曲げて光を集めることで像を作ることができますが、この像ができる場所（結像位置）を求めたり、決められた場所に像を作るための光学部品の配置を決めたりするために、光の進む道を直線で表すことで予測ができます。こうすると誰が見ても直感的に光を扱うことができるようになります。さらには光の集まり方をも見極められ、レンズ性能をグラフィカルに確認することができ、これをもとにレンズなどの光学部品を修正しながら、最適な光学系を構築していきます。

光の通り道を直線（光線）で表し描くには、どの方向に線を引けばよいかを計算しなくてはなりませんが、14で見てきた「スネルの法則」を用いて簡単に求めることができます。ただし、レンズ面に入る多数の光線の進む道を計算していき、光の収束状況を調べて初めてレンズの収差を求めることができるのです。

現在では、決められた計算はコンピュータで何度でも素早く計算間違えを心配することなくできるようになっているので、カメラ用のレンズなどでは、ノートPCでも十分に設計ができるようになってきています。昔この計算は、対数表などを用いてソロバンで何人かの人が、確認計算も含めて時間をかけて行っていました。コンピュータの発達は、レンズ設計をする計算作業に大いに貢献してきたといえます。さらに今後は収差を減らす計算の自動化が課題となっています。

要点BOX
- ●光の通り道を直線で表す「光線」
- ●いくつかの収差の状況も光線で調べる
- ●レンズ設計では何本もの光線を引く

レンズによる光線の屈折状況と収差のイメージ

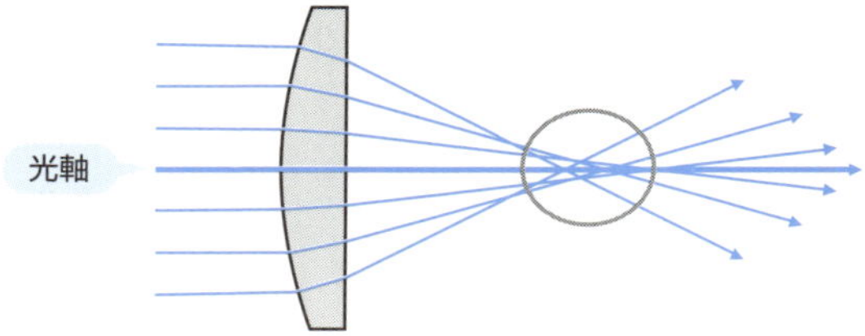
光軸

レンズの中心部を通って屈折した光の通り道と、周辺部を通って屈折した光の通り道で光の集まる場所が異なるのがわかります。このような光路によって形成された像はぼやけてしまいます。

組み合わせレンズと光路

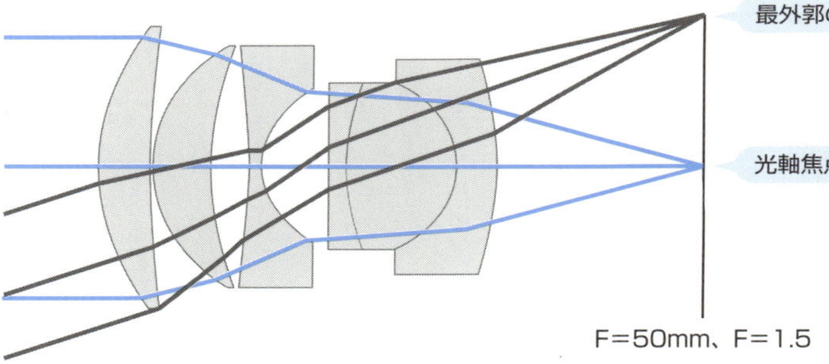
最外郭の光
光軸焦点位置の光
F=50mm、F=1.5

2枚のレンズを組み合わせた時の光の通り道と像ができる位置

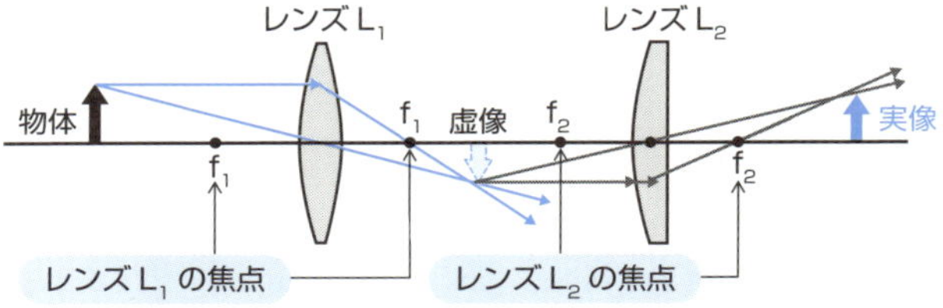
レンズ L1
レンズ L2
物体
f1
虚像
f2
実像
f1
f2
レンズ L1 の焦点
レンズ L2 の焦点

プリズムによる光の経路

双眼鏡などでは像を反転させるために図のようなプリズムが使われています。光の通り道を直線で描いて光路と像の向きを確認します。

ダハプリズム

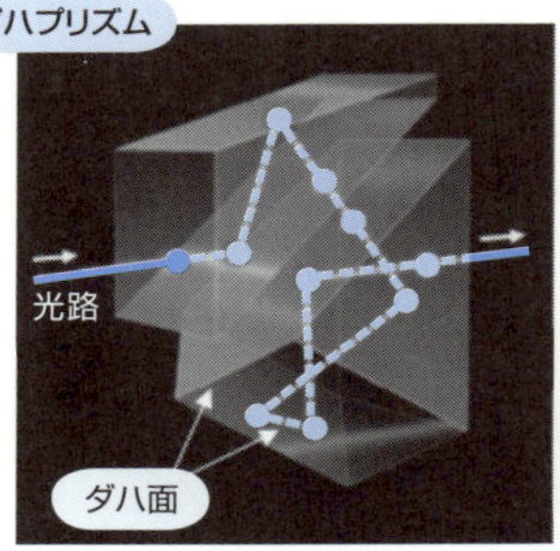
光路
ダハ面

ポロプリズム

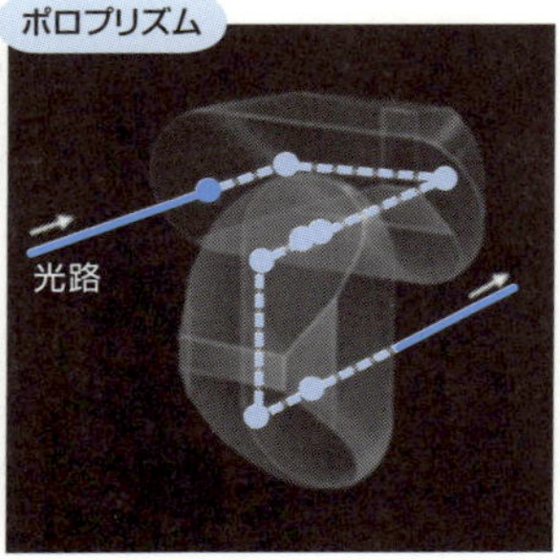
光路

20 光を波として理解する

19では光を粒子として解説しましたが、今度は波として考えてみます。光のふるまいを理解する上で、光を直線で表すことでは表せない現象があり、このため光を海の波のように表し、光を波として考えることで光のふるまいを理解することができます。この方法を体系化したものが波動光学です。幾何光学や波動光学の二つは光の本質を説明するものではありませんが、光を活用するレンズを用いた光学系において光のふるまいを予測するには、直感的にわかりやすく、光学製品の開発においては場合に応じてこれらを使い分けることで活用しています。特に光学系の「解像力」や「光の干渉」そして「光の回折」などの現象を理解、応用する上では幾何光学ではなく、波動光学として光を扱うことでシンプルに理解し、光の挙動を予測することができます。

レンズを通して光は一点に集まっているように見えますが実は厳密には一点に集まっていません。光を一点に集めれば集めるほど像の微細な部分を表示することができるため、顕微鏡や望遠鏡その他の全てのレンズを使った光学製品では、光を一点に多く集めるために様々な工夫が行われています。

レンズにより作られる像には「エアリーディスク」という波である光の干渉によって作られる小さなリング状のパターンができます。また、光を物体に当てると、物体の影の部分にまで光が回り込む「回折現象」も光の波の性質によって理解することができます。

なお、1本の光線を二つに分けて、その後に再び2本の光線を合わせると、光が消えたり現れたりするという不思議な現象が起こります。これらの現象をうまく利用して様々な製品が作られています。これらは光が波である性質を上手に利用しているのです。

私たちの身近では、例えば青空に現れる「虹」やシャボン玉表面のきれいな「色」や物体の影の境目がぼやけるのは光の波の性質によります。

要点BOX
- 「光の回折」、「光の干渉」現象
- 虹やシャボン玉の様々な色は光の干渉
- 日食の「半影」は光の回折

波のように進む光のイメージ

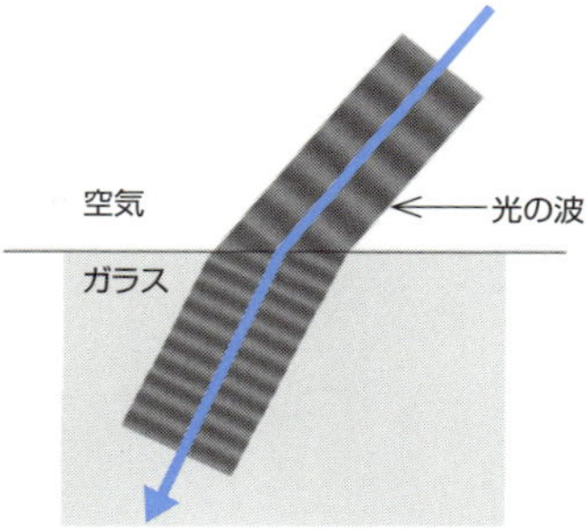

空気
光の波
ガラス

光がガラスに入ると曲がります。これは物質中に光が入ると光の波長が短くなり光路が曲がることによります。曲がった様子を表すには直線で描きますが、曲がる理由は波で光を描くことでよくわかります。

ピンホール像のでき方

ピンホール像は点像にはならず、リング状の拡散像となるため、光学像には解像限界ができてしまいます。

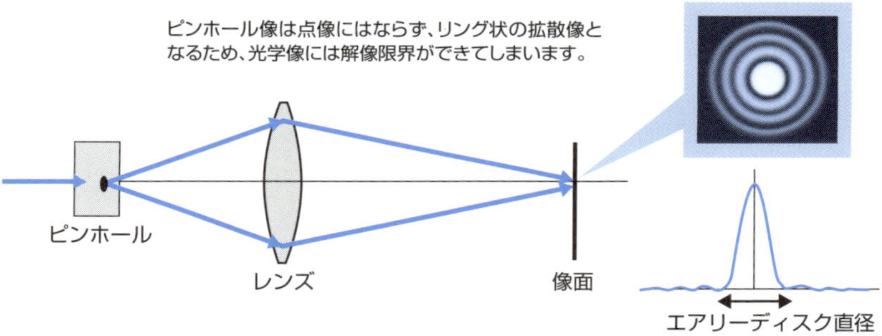

レンズによりできた像
ピンホール
レンズ
像面
エアリーディスク直径

光の回り込み（光の回折）と影のでき方

②物体が遠くにある場合

↓

光の回折により影はボヤける

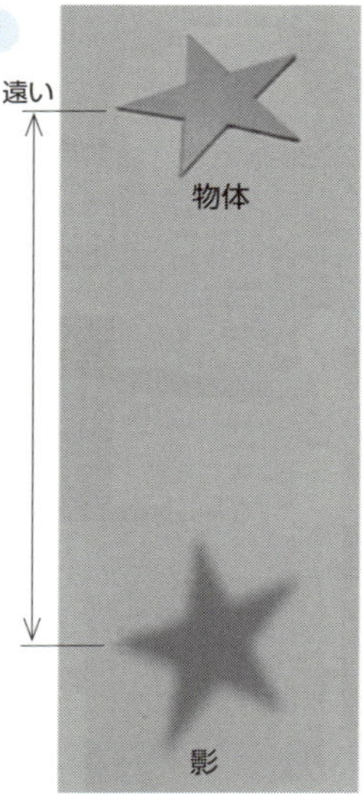

遠い
物体
影

①物体が近くにある場合

↓

影はシャープ

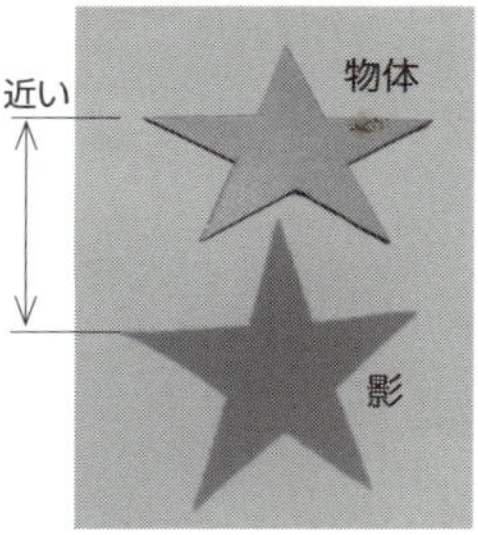

近い
物体
影

Column

人の眼では検出できない光の位相差

水の入ったコップの中に、ガラスの欠片が入っていたとします。このとき上からコップを覗いても、人の眼にはガラスが入っていることはわかりません。これはなぜでしょうか?

コップの底から入ってガラスの破片を通った光と通らなかった光では実はその位相に違いがあります。

位相とは周期的に変化する波の位置情報のことです。光の波を上側の山と下側の山で一対の波と考えたとき、二つの波を重ねぴったり合ったとき「位相が同じ」といいます。

13で説明したように、光は通過する場所によって光速が異なります。するとガラスを通過した光とそうでない光では、同じ波の形でも光の波の山の位置は異なるはずです。

しかし、残念ながら人の眼にはこの位相の違いを判別する機能は備わっていないため、ガラスを通った光とそうでない光の違いが区別できず、ガラスが入っていることがわからないのです。

人の眼で認識できる光の要素は二つです。一つは「光の色」つまり光の波長の違いで、もう一つは「光の明るさ」、つまり光の振幅の大きさの違いです。

そこで、何とかして位相の違いを波長の違い、または、振幅の違いに変換することができれば、ガラスの破片も眼で見ることができることになります。

生物の細胞などを見る場合、とても薄くスライスした標本を顕微鏡で見ます。この標本はほとんど無色透明な物体で、細胞組織により位相の違いがあるものの、眼ではわかりません。そこで、この位相の違いを光の振幅の違いに変換する装置があると、このような標本も観察ができるようになります。

この機能を持たせた装置を考えたのがオランダの物理学者であるゼルニケです。彼の発明した装置が「位相差顕微鏡」といわれるもので、現在とても多くの装置が使われています。彼はこの功績でノーベル物理学賞を受賞しています。

ガラスを通過した光とそうでない光では眼に届く光の波の山と谷の位置が異なる

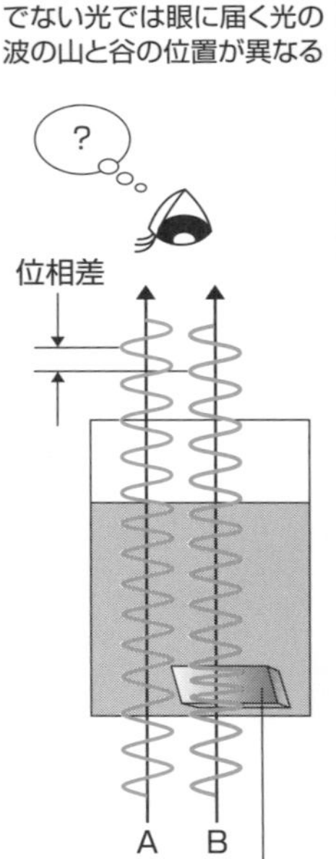
?
位相差
A
B
光
ガラスの破片

第 3 章

レンズの基本的な性質

21 レンズの材料

珪石や硼酸など数百種類にも及ぶ材料を調合する

レンズは何からできているのでしょうか？ 一般的には「ガラス」を思い浮かべるでしょう。現在ではいろいろなものが使われており、メガネには軽い「プラスチック材料」が多く用いられ、さらに水晶や蛍石といった自然界にある「光学結晶」なども使われています。

レンズに使われるガラスは、身のまわりにある窓ガラスやガラスのコップや電球に使われるような一般ガラスとは重要視される特性が異なり「光学ガラス」と呼ばれています。光学ガラスには主に、内部での光の吸収が少なく、その屈折率が均一であり、異物や泡などが含まれていないことが要求されます。一方、光学ガラスは水や酸やアルカリに対する弱さなど、一般のガラスと比較して劣る点もあります。

工業的に作る光学ガラス原料は、光学的特性により数百種類の材料を調合して作ります。主材料としては、珪石、硼酸、酸化ランタン、酸化ガドリニュウム、酸化ニオブ、酸化ジリコニウム、バリウムといった不純物の極めて少ない材料を使用します。光学レンズ材料は、その屈折率の違いだけでも数百種類にも及ぶものが作られています。これらは材料の配合を微妙に変えることにより製造されており、その品質は大変厳しく管理されています。

光学結晶材料の代表としては、水晶や蛍石などがあります。どちらも無色透明でレンズ材料に適しています。水晶は硬くて短い波長の光まで透過できます。蛍石はやわらかいですが、波長による光の曲がり方の差が極めて小さい材料です。なお、天然材料には内部欠陥があり大きな材料は取れません。そこで、水晶などは人工的に合成した石英が使われます。

プラスチック材料の原材料は、アクリルやポリカーボネートが主に使われています。このような樹脂材料では、レンズを作る方法として型を使用することができるので大変安価にレンズができます。また、ガラスに比べ重さが軽いためメガネ等によく使われています。

要点BOX
- 「光学ガラス」と「一般ガラス」
- 「光学結晶」といわれる水晶や蛍石など
- アクリルなどの「プラスチック」材料

光学ガラスの分類チャート図

様々な物質を混ぜ合わせて、いろいろな光学ガラスが作られています。図にプロットされた点が個々の光学ガラスの種類を表しています。

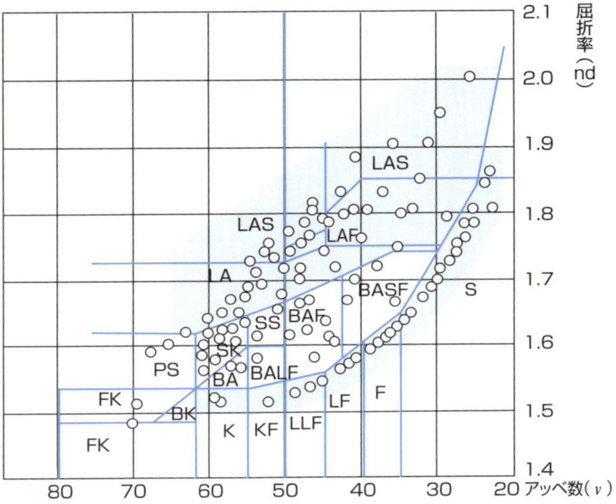

2.1
2.0
1.9
1.8
1.7
1.6
1.5
1.4
屈折率（nd）
80
70
60
50
40
30
20
アッベ数（ν）
LAS
LAS
LAF
LA
BASF
S
SS
BAF
SK
PS
BA
BALF
FK
BK
LF
F
FK
K
KF
LLF

縦軸は「屈折率」で、横軸はアッベ数という指標となっています。アッベ数は、波長による屈折率の違いを表しています。この値が大きいほど、波長による屈折率の変化が少ないガラスとなります。レンズを設計する際には、このようなチャート図を参考にしてガラスを選定します。

光学材料の均一性

①脈理があるガラス

内部に屈折率のムラがあると光路が曲げられます。

②脈理がないガラス

内部の屈折率にムラ（脈理）がないガラスはまっすぐ進みます。

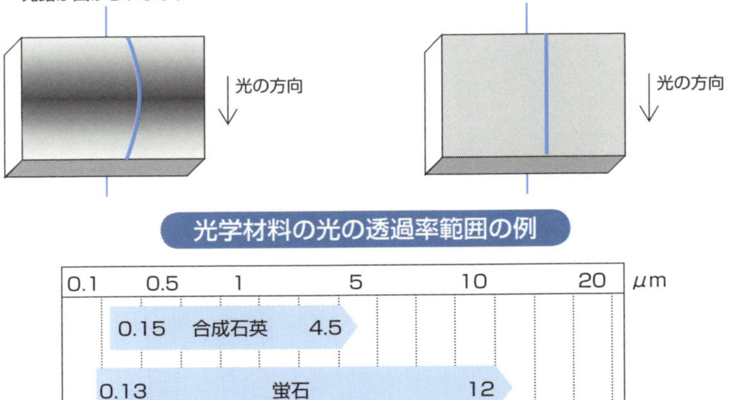

光の方向
光の方向

光学材料の光の透過率範囲の例

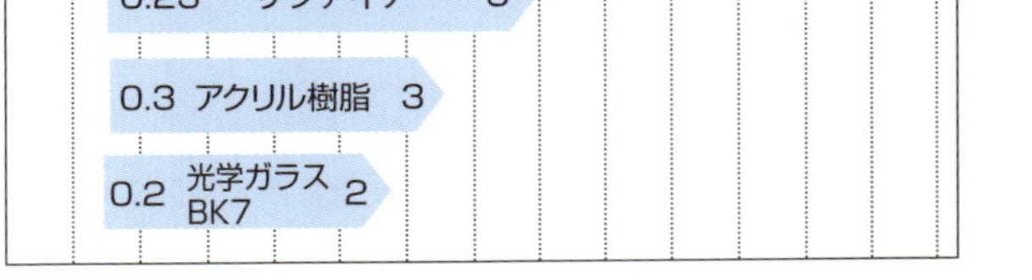

0.1
0.5
1
5
10
20
μm
0.15 合成石英 4.5
0.13 蛍石 12
0.23 サファイア 5
0.3 アクリル樹脂 3
0.2 光学ガラス BK7 2

22 物質により光の曲がり方が異なる

屈折率と光の曲がり方

光が透明な物体に入ると速度が遅くなります。このため光が斜めから物体に入ると、先に入った光はまだ物体に入ってない光に比べて進み方が遅くなるため、結果的に光の進む道である光路が曲がります。この光の物質中の速度と真空中の速度の比が、物質の屈折率です。（物質の屈折率）＝（真空中の光速）／（物質中の光速）、つまり、光の曲がり方はその物質中の光の速度を決めている物質の屈折率により変わることになります。

この物質の屈折率は物質固有のものなので、物質により光の曲がり方が異なります。屈折率がわかればどのくらい光路が曲がるかを14のスネルの法則に従い求めることができます。

物質中の光の速度は、屈折率の逆数に比例するので、ガラスの屈折率を1・5とすると、ガラス中の光の進む速度は空気中の2／3程度に遅くなります。水の屈折率は1・33程度なので、水中の光の速度は空気中の速度の1／1・33となり3／4程度と、25%程光速が遅くなることがわかります。

物質によって曲がり方を決める屈折率が異なることを述べましたが、主な物質の屈折率を見てみると、空気は1、光学ガラスは1・4～2・0程度、水晶は1・54、ダイヤモンドは2・4程です。

一般的に屈折率は、その波長が589．3ナノメートルのときの光の屈折率を表しています。このことは、波長が変わると物質の屈折率が変わってしまうことを意味しています。波長により屈折率が異なるため、赤い光と青い光では、レンズから出る光路の方向が異なってしまいます。このことが像に色づきが現れる色収差の発生原因となっています。さまざまな光学ガラスは構成している物質が異なっていることにより、それぞれの屈折率も異なります。そこで屈折率の異なるガラスと凸レンズや凹レンズをうまく組み合わせて色収差を抑えます。

要点BOX

- ●（物質の屈折率）＝（真空中の光速）／（物質中の光速）
- ●光の曲がり方は屈折率により決まる
- ●波長によっても物質の屈折率は変わる

光の曲がり方

屈折率が大きい物質中では光の速度が遅くなります。このことが、境界面で光路が曲がる原因になっています。

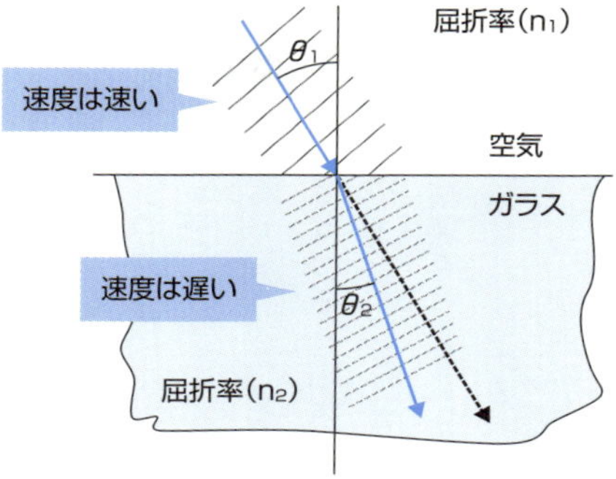

屈折率(n1)
θ1
速度は速い
空気
ガラス
速度は遅い
θ2
屈折率(n2)

スネルの屈折の法則

$$n_1 \cdot \sin(\theta_1) = n_2 \cdot \sin(\theta_2)$$

光の速度と屈折率の関係

$$物質の屈折率(n) = \frac{真空中の光の速度}{物質中の光の速度}$$

波長による屈折率の変化の例

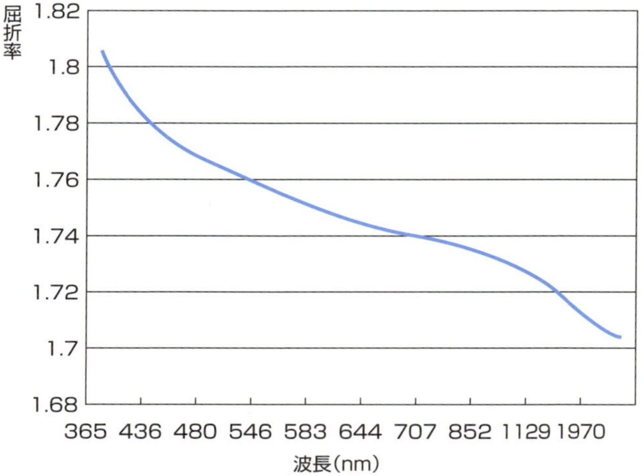

屈折率
1.82
1.8
1.78
1.76
1.74
1.72
1.7
1.68
365 436 480 546 583 644 707 852 1129 1970
波長(nm)

23 レンズの形による分類

球面レンズは光を集める3種類と拡散する3種類の計6種類

レンズの形にはどんなものがあるのでしょうか？私たちのまわりでよく見かけるレンズは、古来からよく使われてきた、面の形状が球面をしたものです。これらの形状のレンズを「球面レンズ」と呼びます。球面レンズは、全部で6種類に分類されます。凸レンズは①両凸レンズ、②平凸レンズ、③凸メニスカスレンズの3種類で、一方凹レンズは④両凹レンズ、⑤平凹レンズ、⑥凹メニスカスレンズの3種類の計6種類です。

凸レンズは光を集めて結像させる機能があり、逆に凹レンズは光を拡散させる性質があります。これらのレンズを組み合わせることで、小さなものを拡大するレンズシステムや遠くのものを大きくして見るレンズシステム、また、情報を伝えるために用いるレンズなど様々な用途で活用されています。

表面が球面以外のレンズもあります。それらを総称して「非球面レンズ」と呼びます。これらのレンズ形状は、球面レンズにはない特徴を有していてレンズ性能の向上に寄与しています。その表面の形状は、放物面、楕円面、双曲線面など大変工夫された形状となっています。これらは、球面レンズに比べて、レンズ面を研磨し製造する上で難しい形状のため、近年まで一般的に使われることが少ない形状でしたが、製造技術の向上により、ようやく実用化されました。さらには精密加工技術により対称軸のない「自由曲面レンズ」も製造が可能になってきて、さらなるレンズ性能の向上をもたらしています。これらのレンズは私たちの身近にもある遠近両用メガネにも使われています。部分的に凹レンズで部分的に凸レンズといった一枚のレンズにその境目がないレンズの製造をも可能にしました。

その他にも、映画撮影用レンズなどにも使われる「シリンドリカルレンズ」では図のように一方向だけに倍率がかかるため、他方が圧縮されたような像になります。また、薄い厚さの「フレネルレンズ」など様々な形状をしたレンズがあります。

要点BOX

- 「球面レンズ」、「非球面レンズ」、「自由曲面レンズ」
- 「シリンドリカルレンズ」、「フレネルレンズ」など
- レンズ面の加工技術の向上

球面レンズの形状分類

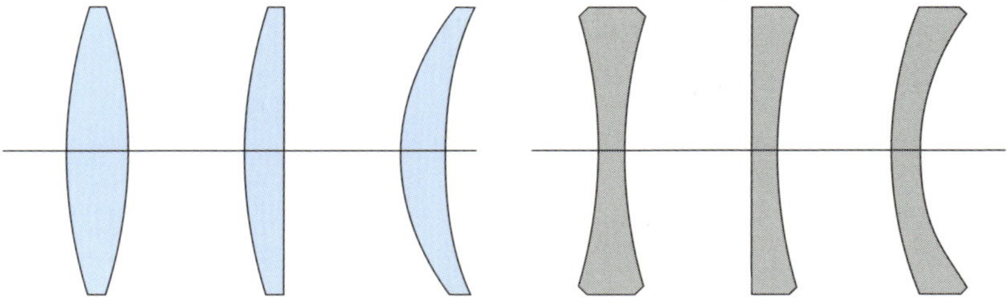
(1)凸レンズ
(2)凹レンズ
①両凸レンズ
②平凸レンズ
③凸メニスカスレンズ
①両凹レンズ
②平凹レンズ
③凹メニスカスレンズ

非球面レンズのしくみと光路

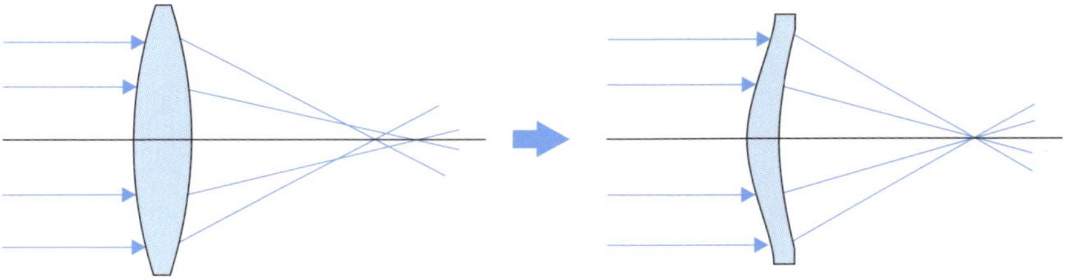

①球面レンズの場合

②非球面レンズの場合
非球面にすることで1点に
光を集めることができます。

シリンドリカルレンズ

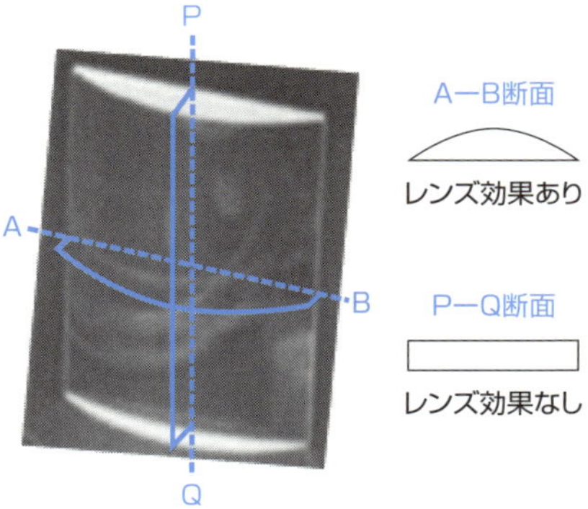
P
Q
A
B
A―B断面
レンズ効果あり
P―Q断面
レンズ効果なし

AB方向は倍率がかかるがPQ方向は倍率は1倍

フレネルレンズ

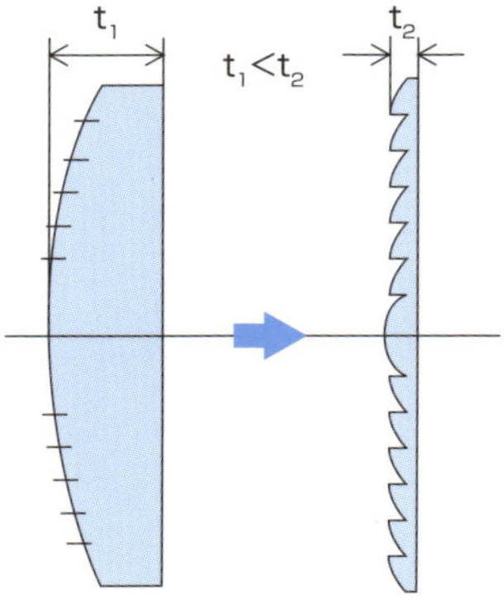
t_1
t_2
$t_1 < t_2$

レンズの各部分の曲面を平面状に並べて
レンズの機能を発揮します。
レンズの厚さを薄くできるため、軽量化が可能です。

24 レンズが光を曲げるしくみ

1枚のレンズでは2箇所の面で光を曲げる

レンズにおいてその境界面で光は屈折して光路が曲がります。一つのレンズでは二つの境界面があるので2箇所で屈折することになります。中心の厚さが周辺の厚さより厚い形状の球形レンズを凸レンズといいます。この凸レンズでは、周辺部に入った光の方が中心部に入った光より、光の曲げられる角度が大きくなります。このレンズで光が折り曲げられる量は①表面の形状②レンズ材料の屈折率③光の波長の三つの要素で決まります。

凸レンズでは、レンズの光軸に平行に入った光は光軸上の一点に集まります。口径の大きなレンズの方がたくさんの光を集めることができるので、その明るさはより明るく、大きなエネルギーを一点に集めることが可能になります。

フランスの国立太陽エネルギー研究所では、凸レンズと同じ機能を持つ直径50mもの巨大凹面鏡を使い、多くの太陽光を集め、焦点位置でなんと最大3000度の温度に達するエネルギーを得ることができるそうです。

一方凹レンズは、入射した光を拡散させる機能があります。近視用のメガネでは、この凹レンズが使用されています。近視の人の眼は光を曲げる力が大きすぎる状態です。そこで、光を拡散させる凹レンズで光を広げて、その力を弱める働きをしているのです。

カメラ用の交換レンズや顕微鏡の対物レンズ、天体望遠鏡のレンズなどでは凸レンズと凹レンズを組み合わせたものが使用されています。これは、凸レンズの光の収束ズレを修正させるためで、収差を補正するために、凹レンズの使用が不可欠となっているのです。

非球面レンズなどのように、レンズの表面形状が球面以外の形状をしたレンズも最近は多く使用されるようになってきましたが、どのような形状のレンズであっても、1枚のレンズでは、必ず2箇所で屈折して光路を曲げることがレンズの働きとなっています。

要点BOX

- 凸レンズは光を集める役目
- 凹レンズは凸レンズと組み合わせて収束状況の改善を図る

凸レンズの重要な機能は、光を1点に集めること

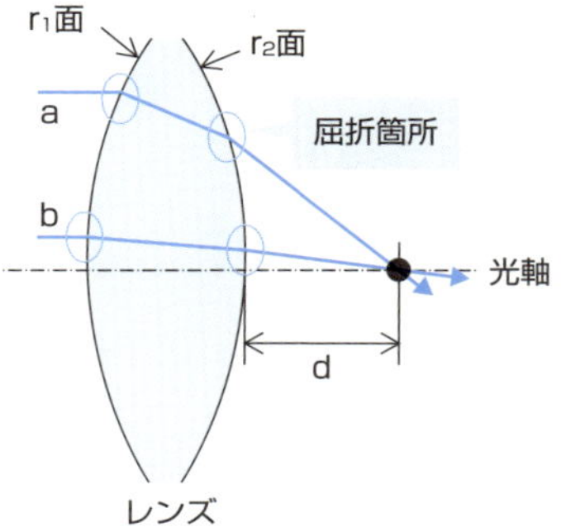

r₁面
r₂面
屈折箇所
a
b
光軸
d
レンズ

レンズ入射面r_1と出射面r_2の2箇所で光は屈折して光路が曲げられ、光は光軸状の1点に集まります。
レンズ周辺光aの方がレンズ中心光bより光路が曲げられる角度が大きくなります。

凹レンズの重要な機能は、光を発散させること

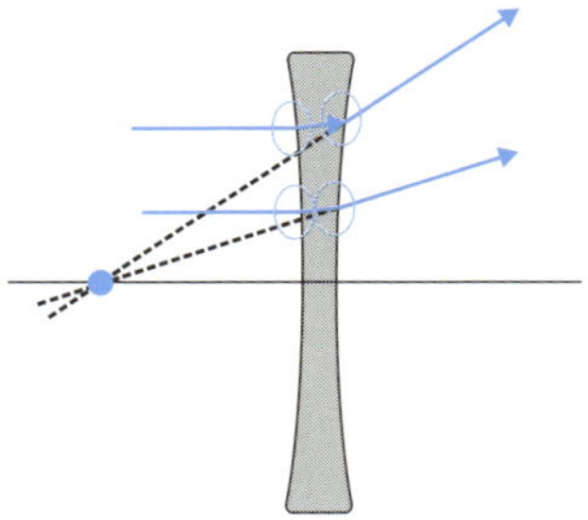

凹レンズは入射した光を拡散させることから凹レンズ単体では、物体の実像を作ることができません。

凹レンズの場合も、光を曲げる量は凸レンズと同じように、①面の曲率②レンズの屈折率③光の波長により決まります。

凹レンズの利用例（メガネ用のレンズ）

近視の人の目:水晶体（目のレンズ）により
光を曲げる力が大きすぎて、網膜上に像を結ばない状態

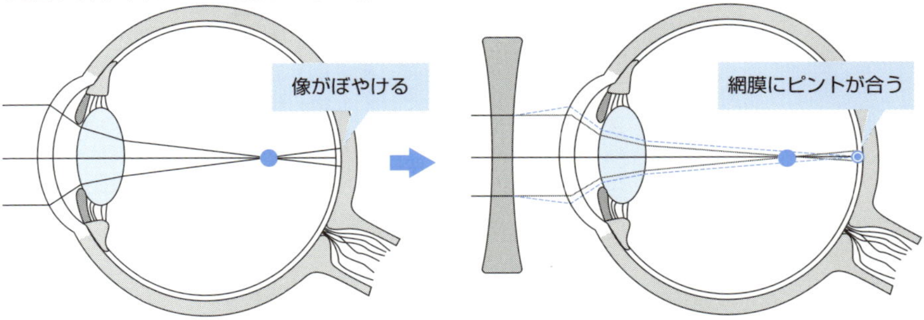

像がぼやける
網膜にピントが合う

①近視の人の裸眼 → 像が網膜の手前で結像する

②眼鏡をかける → 凹レンズを使うことで像を網膜上に結像する

25 光の集まる場所

焦点と焦点距離

子供の頃、太陽の光をレンズで紙の上に集めて、鉛筆で黒く塗ったところを焦がしたことがあると思います。このときレンズを動かして、集めた光の大きさが一番小さくなる点が紙を焦がす点であり、これをレンズの「焦点」といいます。また、レンズから焦点までの距離を「焦点距離」といいます。ここで使ったレンズは、中心部の厚い凸レンズです。

太陽までの距離はおよそ一億五千万㎞と大変遠い距離で、レンズに入る光はほぼ平行な光の束となっています。平行に入った光が凸レンズにより一点に集まる点が焦点となります。レンズには焦点が二つあり、紙が焦げた焦点を「後側焦点」といい、このレンズに反対側から平行な光を入れたときの集まる点を「前側焦点」といいます。レンズから前後二つの焦点までの距離は同じ距離となっています。

実は、凹レンズにも焦点があります。凹レンズに平行に入った光は拡散してしまうので焦点はないように思いますが、拡散していく光の方向と反対側に仮想の線を引くと一点に集まることがわかります。この点を凹レンズの「焦点」といいます。この焦点から光が出てきたり、集まったりするわけではないので、ここに黒い紙を置いても焦がすことはできないため、「虚焦点」ともいわれます。凹レンズでは、凸レンズとは違い、入射側にある焦点を「後側焦点」といい、反対側にある焦点を「前側焦点」といいます。

レンズを図にして表した時の記号として、前側焦点を「F」で表し、後ろ側焦点を「F'」、さらに焦点距離をそれぞれ「f」と「f'」で表示します。凸レンズと凹レンズの焦点距離を区別するために、凸レンズの焦点距離は「正」の値で表し、凹レンズの焦点距離を「負」の値で表すことになっています。光学計算をする場合にはこの正負はとても重要です。焦点距離を短くするためには屈折率の大きなガラスを使うか、レンズの曲率を小さくします。

要点BOX

- 平行な光が凸レンズに入ったときに光が集まる点が焦点
- レンズには焦点が前後に2つ、2つの焦点距離の値は同じ
- 凸レンズの焦点距離は「＋」、凹レンズは「－」

焦点

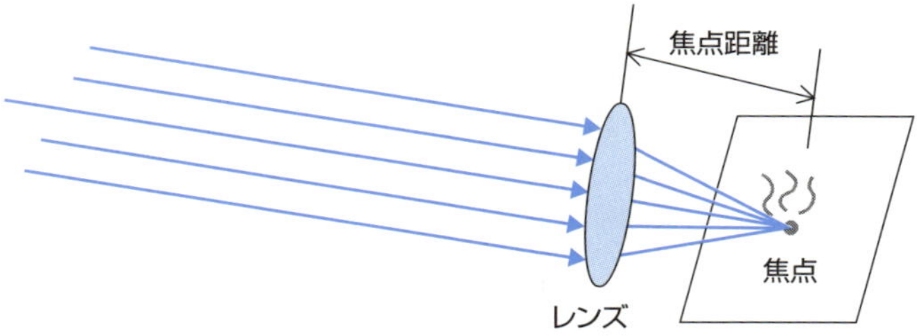
焦点距離
焦点
レンズ

太陽の光をレンズを使って集めたとき、紙を焦がす点を「焦点」といいます。

2つの焦点と焦点距離

①凸レンズの場合

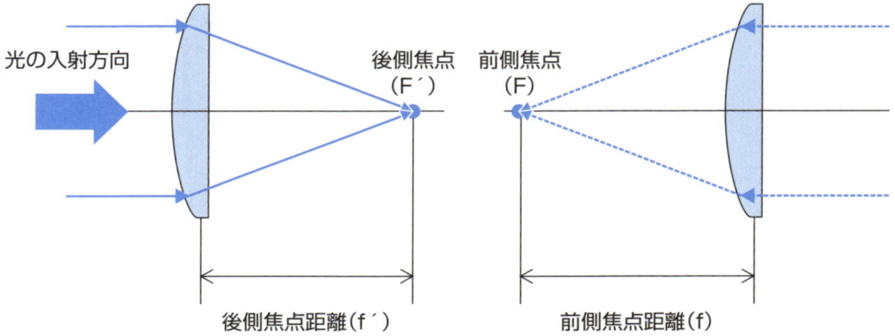
光の入射方向
後側焦点
(F´)
前側焦点
(F)
後側焦点距離(f´)
前側焦点距離(f)

②凹レンズの場合

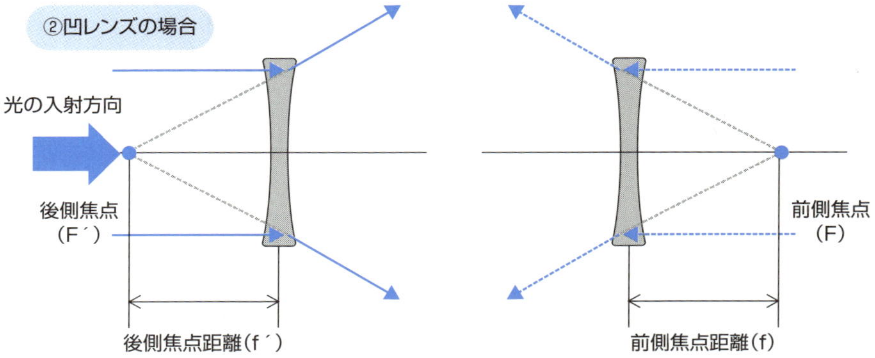
光の入射方向
後側焦点
(F´)
前側焦点
(F)
後側焦点距離(f´)
前側焦点距離(f)

26 レンズの厚さと主点の位置

主点と主平面

焦点の位置は太陽のような平行な光の束をレンズに入れて、その光の収束状態が最小になるレンズ位置から容易に見つけることができます。しかし、焦点距離はその焦点位置からレンズのどこまでを測ればよいのでしょうか?

レンズには二つの面が存在しますが、その両面の曲率が同じものであれば、レンズの中心位置までの距離が焦点距離となります。しかし、二面が同じ曲率でないレンズの場合にはレンズの中心というわけにはいかなくなります。この場合には、「主点」という仮想の点を規定して、焦点から主点までの距離をレンズの焦点距離とします。厚さの無視できるレンズでは、この主点はレンズの中心位置となります。

では、主点とはレンズのどこの場所なのでしょうか？作図をしてみると容易にその点を見つけることができます。この主点は、レンズに入る入射光線とレンズから出ていく出射光線の軌跡だけを考えると、極めて薄い1枚のレンズに置き換えることで求めることができます。求める主点の位置は曲率が異なる二面でレンズができている場合、光の入る方向でその位置が異なるため、前側主点と後側主点の二つが存在します。そこで焦点までの距離である焦点距離も前側と後側が存在しますが、その値は同じ値となります。また、主点を通る光軸に垂直な平面を「主平面」といいます。こちらも前側と後側の二つが存在することになります。

顕微鏡のレンズやカメラのレンズ等においては、収差を補正するために複雑に組み合わされた複数枚のレンズで構成されています。このようなシステム化されたレンズ群においても、この主点を考えると厚さのほとんどない1枚の「薄肉レンズ」として置き換えることができます。組み合わせレンズの場合も、主点の求め方は同じで、入射光線と射出光線の延長線が交わった点から光軸に垂線を下ろした点が主点となります。

要点BOX

- 主点を考えることで焦点距離が決まる
- 主点を通る光軸に垂直な平面を主平面という
- 複数のレンズを主点で1枚のレンズに置き換える

主点の位置

①凸レンズの場合

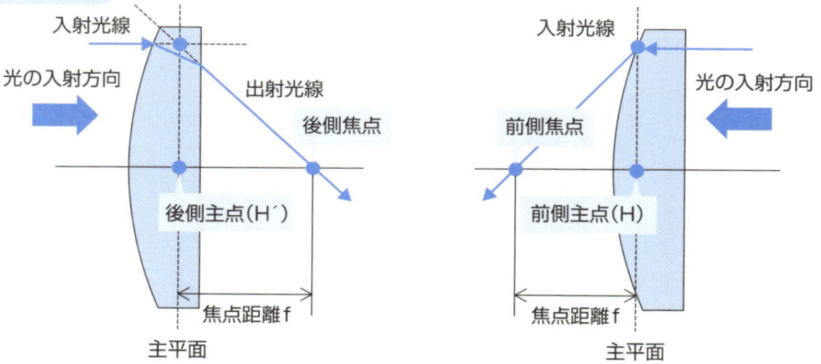

入射光線
光の入射方向
出射光線
後側焦点
後側主点(H´)
焦点距離 f
主平面
入射光線
光の入射方向
前側焦点
前側主点(H)
焦点距離 f
主平面

②凹レンズの場合

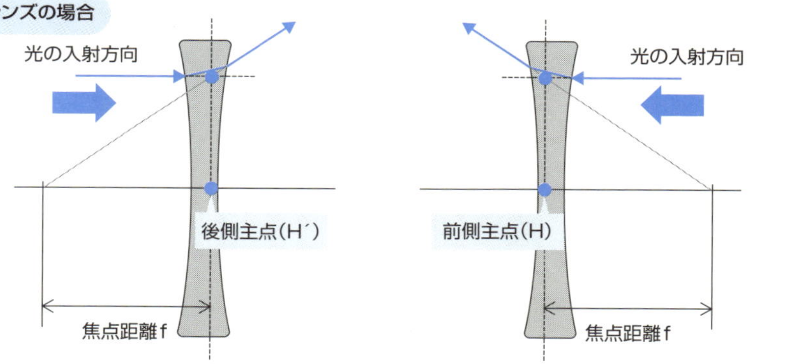

光の入射方向
後側主点(H´)
焦点距離 f
光の入射方向
前側主点(H)
焦点距離 f

組み合わせレンズ

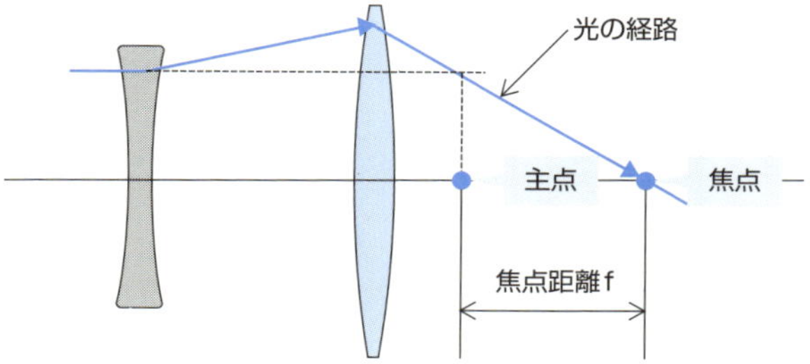

光の経路
主点
焦点
焦点距離 f

27 レンズの種類と像のでき方

24で見てきた通り、レンズの最大の機能は光を一点に集めることです。この機能があるためにレンズにより物体の像を作ることができるのです。この作用を「結像作用」といいます。カメラやビデオで映像を写すことができるのは、レンズにより撮像素子上に撮影したいものの像を作っているからです。

結像作用は、物体のある空間の一点から出た光を、像のできる像空間のある一点に集めることです。物体上の一点からはいろいろな方向に光が出ていますが、レンズに入る全ての光が対応する像の一点に収束します。しかも、そのレンズの形状も大変シンプルな球面状のものでこの現象が得られます。

凸レンズで像を作ることを考えてみましょう。

①レンズの焦点距離より遠いところに物体がある場合、結像作用により物体と逆さまな像ができます。物体の各部位から出た光は、像上の対応した位置に全て集まることにより像が作られます。光が集まることでできる像を「実像」といいます。物体の置く位置をさらに焦点位置に近づけると、像はレンズからより遠くに、より大きな像となります。

②物体の置く位置を焦点の内側に設置すると各部から出た光は一点に集まりません。しかしレンズから出た光を反対方向に伸ばすと、一点に集まることがわかります。つまり光はその集まった点から発光されたかのように見えます。これをレンズを通して肉眼で見ると眼の水晶体というレンズで網膜上に拡大された正立像が見えます。この像は「虚像」と呼ばれます(コラム参照)。

③物体をレンズの焦点に置くと平行な光がレンズから出てきます。この場合には光はどちらの方向にも集まらないので実像も虚像もできません。凹レンズの場合を考えてみます。凹レンズでは物体が焦点位置より遠い所にある場合も焦点位置より手前にある場合のどちらでも、実像ではなく虚像になります。

要点BOX

- 1点から出た光を1点に集めるレンズの「結像作用」
- 像には「実像」と「虚像」がある
- ルーペは眼の中のレンズで結像している

凸レンズの結像

1点から出た光はレンズを介して1点に収束することにより像ができます（結像作用）

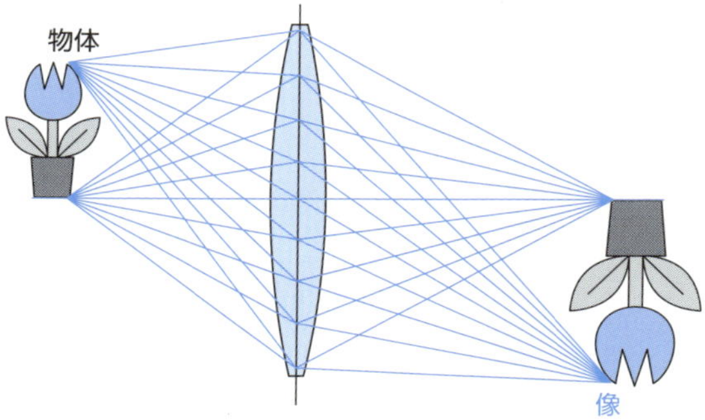
物体
像

①焦点より外側に物体があるときの像

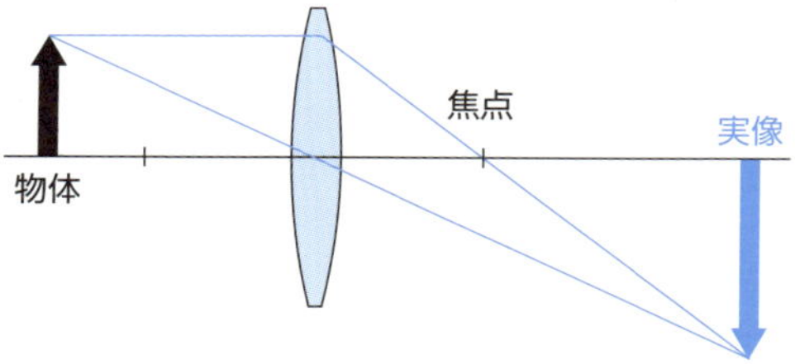
焦点
実像
物体

②物体が焦点より内側にあるときの像

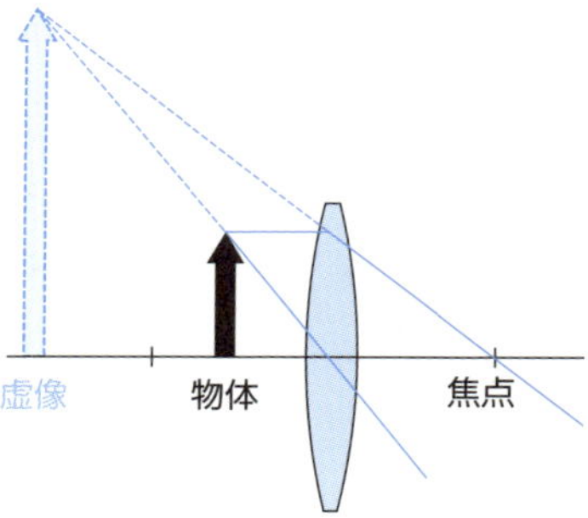
虚像
物体
焦点

凹レンズの結像

①物体が焦点より外側にあるときの像

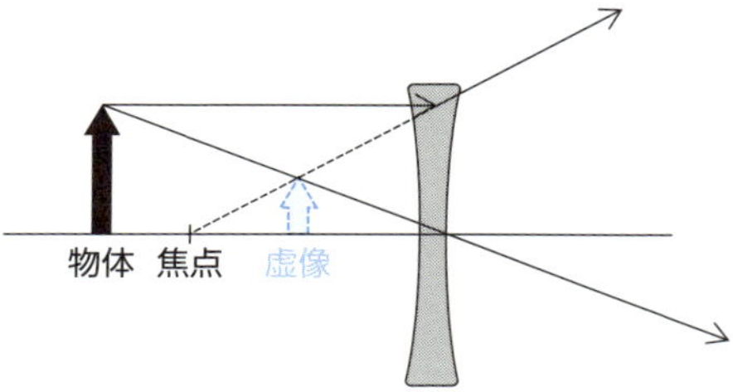
物体
焦点
虚像

②物体が焦点より内側にあるときの像

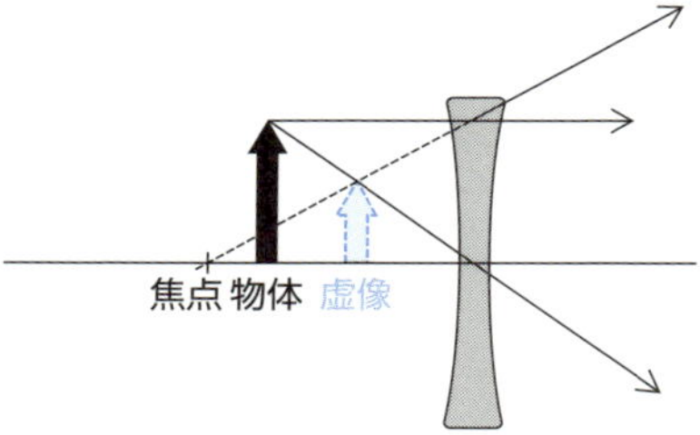
焦点
物体
虚像

28 像の位置や倍率を簡単に求める公式

レンズ固有の焦点距離やレンズを使って像を作る様子を見てきましたが、これは少しの計算によりその状況を求めることができます。

まずは焦点距離を求めてます。レンズは二つの球面でできています。前側の球面の曲率を r_1とし、後側の曲率を r_2とします。また、レンズを作っているガラスの屈折率をnとすると、焦点距離fを**式①**で求めることができます。焦点距離は前側と後側で二つあります。後側と前側のそれぞれの主点と焦点までの距離が焦点距離となりますが、前側の焦点距離と後側の焦点距離はぴったりと一致します。主点の位置がレンズの中心と考えられるような厚さの薄いレンズを「薄肉レンズ」といいますが、このようなレンズではレンズの曲率半径 r_1、r_2に比べて厚さdが小さいことから、**式①**の後ろの項が省略でき、**式②**で表すことができます。曲率は光の入ってくる方向に凸の場合を正、凹の場合を負とします。

「レンズの屈折3光線」により像のできる位置を作図で求めることができます。像の位置と物体の位置および焦点距離には三角形の相似性から求まる大変シンプルな関係があり、**式③**で表されます。これを「ガウスの結像式」といいます。この式では凸レンズの場合の焦点距離を正で、凹レンズでは負の値で表すことで、凹レンズでも凸レンズでも成り立つ式となっています。さらに、実際に使われているレンズシステムのような複数のレンズを組み合わせて構成されている場合にも適用でき、物体を置く位置が決まれば、レンズによってできる像の位置を計算で求めることができます。さらに、この図中の相似形の三角形(△ACF´と△F´OP)の関係から、AB/A´B´=X/f および、(△QOFとFC´A´)の関係から、AB/A´B´=f/X´が得られます。この2つからX・X´=f・f´の**式④**で表される「ニュートンの結像式」が導き出されます。有用なこのレンズの二式も相似三角形から簡単に導き出されます。

要点BOX
- 「ガウスの結像式」、「ニュートンの結像式」
- 「レンズの屈折3光線」による作図方法
- 焦点距離は曲率と屈折率から計算できる

レンズの屈折3光線

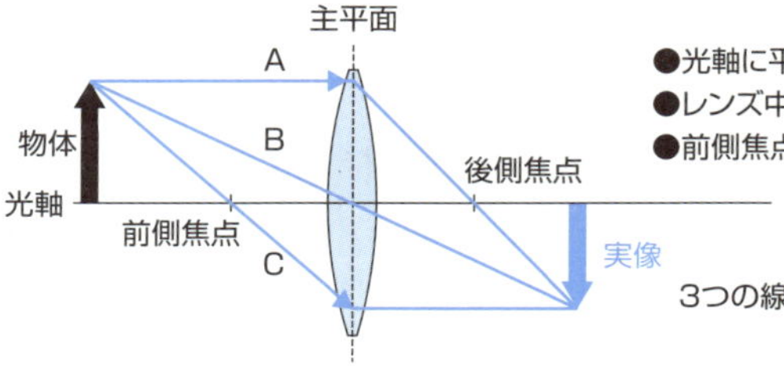
主平面
A
B
C
物体
光軸
前側焦点
後側焦点
実像

- ●光軸に平行に入った光線は後側焦点を通る(A)
- ●レンズ中心に入った光線はレンズそのまま通過する(B)
- ●前側焦点に入った光線は光軸に平行に出る(C)

↓

3つの線が交わったところに物体の像ができます。

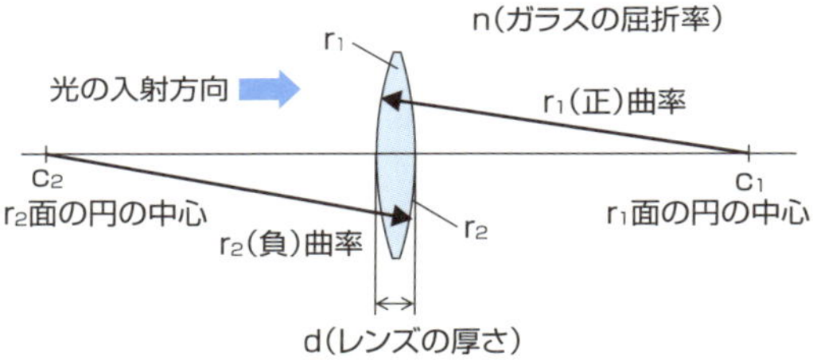
n(ガラスの屈折率)
r1
光の入射方向
r1(正)曲率
c2
r2面の円の中心
c1
r1面の円の中心
r2
r2(負)曲率
d(レンズの厚さ)

$$f=(n-1)\left(\frac{1}{r_1}-\frac{1}{r_2}\right)+\frac{d(n-1)^2}{n\cdot r_1\cdot r_2}$$ …式❶

(薄肉レンズ　d << r_1、r_2　の時)

$$f=(n-1)\left(\frac{1}{r_1}-\frac{1}{r_2}\right)$$ …式❷

「ガウスの結像式」と「ニュートンの結像式」

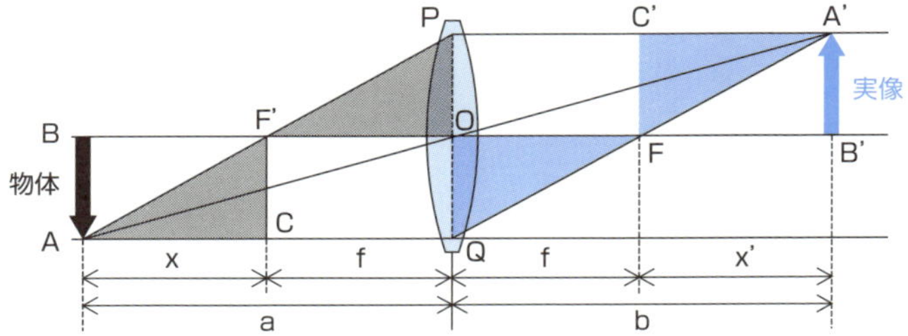
P
C'
A'
実像
B
F'
O
F
B'
物体
C
A
Q
x
f
f
x'
a
b

△ABF'と△POF'が相似であることと、
△ABOと△A'B'Oが相似であることから

倍率(m)=b/a $\left(=\left|\frac{b}{a}\right|\right)$ …式❺

「ガウスの結像式」より

$$\frac{1}{a}+\frac{1}{b}=\frac{1}{f}$$ …式❸

色の塗ってある三角形が相似形であるので、
以下の倍率の2式が得られます。

$$m(倍率)=\frac{A'B'}{AB}+\frac{PO}{AB}=\frac{f}{x}$$

$$m(倍率)=\frac{A'B'}{AB}+\frac{A'B'}{QO}=\frac{x'}{f}$$

この2式から「ニュートンの結像式」(式❹)も得られます。

$x\cdot x'=f^2$　…式❹

29 像のできる場所を計算で求める

ガウスの結像式と倍率の式

カメラや顕微鏡、望遠鏡などのレンズを使い物体の像を作る製品では、物体の像を決められた位置に作ることが必要とされます。では、レンズによって作られる像は、どこの場所にできるのでしょうか?使われるレンズの焦点距離がわかると、ガウスの結像式で簡単に調べることができ、また、像の大きさもわかります。

例として、焦点距離f＝100㎜の凸レンズの前方a＝120㎜に、5㎜の大きさの物体を置いたときにできる像はどのようなものかを調べてみましょう。

できる像の位置をレンズからの距離bから求めてみます。ガウスの結像式にfとaの値を代入して、b＝600㎜を得ます。つまりレンズ後方600㎜の位置に白い紙を置いて見ると、紙上に像ができることがわかります。このように実際に映し出すことができる像を「実像」といいます。物体の位置をレンズ焦点位置に移動させるとレンズから出ていく光は平行光となり結像せず、紙をどこに移動させても像はできません。でも、紙を置くのではなく、目をレンズの後ろに置いて見ると像がはっきりと見えます。これは眼の水晶体がレンズの役割をして、無限遠から来た光を見ているのと同様に、網膜上に像を結ぶために、像が見えるのです。さらに物体をレンズに近づけるとレンズからは広がった光が出てきます。この場合も、紙をどこに移動させても像はできません。しかし、やはりレンズの後ろに眼を置いて覗いて見ると拡大した像を見ることができます。これは、あたかも物体の後ろに大きな物体があり、そこから光がきているかのようです。このような像を「虚像」といいます(P104参照)。

2枚のレンズを組み合わせて像を作る場合もこのガウスの結像式を各々のレンズ毎に2回適用して、最終的に像のできる位置を求めます。最初のレンズによりできた像は、次のレンズの物体として考え、2番目のレンズにガウスの結像式を当てはめて求めます。

要点BOX

- ●像の位置はガウスの結像式による
- ●像には「実像」、「虚像」がある
- ●複数のレンズの場合も結像式を繰り返して求める

凸レンズの場合

屈折3光線より、像のできる位置を見つけます。

（1）物体が焦点の外にある場合

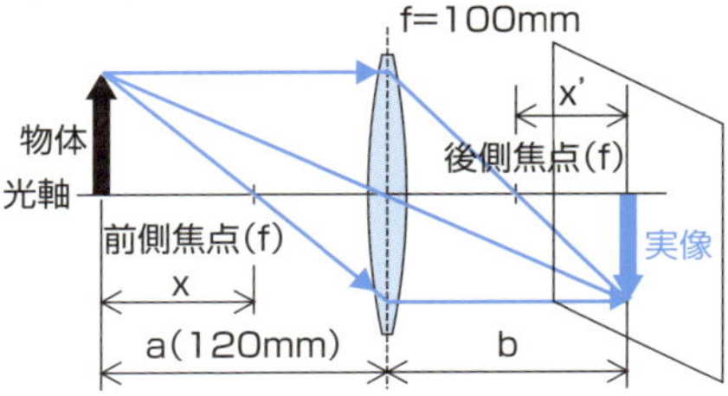

f=100mm
x'
物体
光軸
後側焦点(f)
前側焦点(f)
実像
x
a(120mm)
b

$$\frac{1}{120}+\frac{1}{b}=\frac{1}{100} \quad \therefore b=600$$

28の式5の倍率の式より倍率(m)は
m=600/120=5倍
従って、レンズの後方600mmのところに5倍の像ができることがわかります。

（2）物体が焦点の内側にある場合

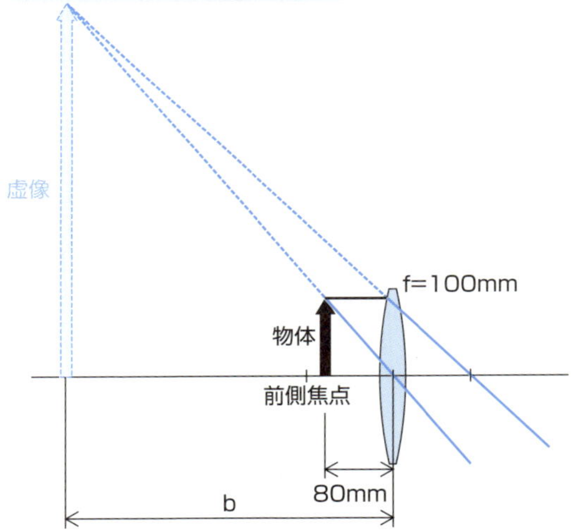

虚像
f=100mm
物体
前側焦点
80mm
b

$$\frac{1}{80}+\frac{1}{b}=\frac{1}{100} \quad \therefore b=-400$$

また倍率(m)は

$$m=\left|\frac{400}{80}\right|=5倍$$

従って、レンズの前方400mmのところに5倍の虚像ができることがわかります。

凹レンズの場合

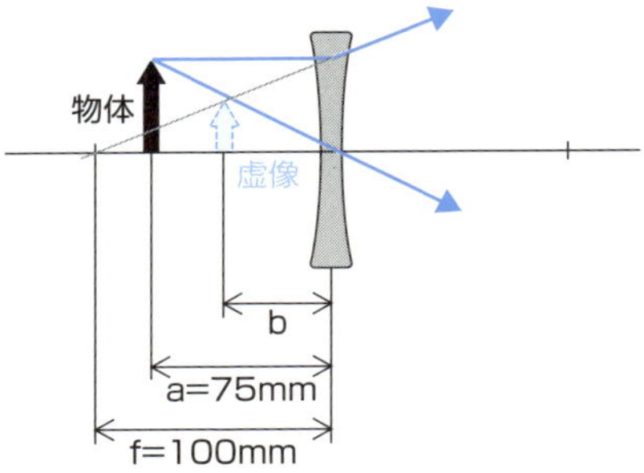

物体
虚像
b
a=75mm
f=100mm

凹レンズなので、焦点距離は負で表します。また凹レンズでは、物体をどこにおいてもレンズによりできる像は「虚像」となります。

$$\frac{1}{75}+\frac{1}{b}=-\frac{1}{100} \qquad b=-\frac{1}{100}$$

$\therefore b \fallingdotseq -43$

また倍率(m)は

$$m=\left|\frac{43}{75}\right| \fallingdotseq 0.6$$

従って、レンズの前方43mmのところに0.6倍の像ができることがわかります。

30 像の大きさを求める

凸レンズでも凹レンズでも倍率は同じ方法で求まる

レンズによって作られた像の大きさは、レンズの倍率に物体の大きさを掛けて求められます。レンズの倍率は、同じ焦点距離でも物体が置かれる位置により変わります。したがって、物体が置かれる位置が決まれば像のできる場所および像の大きさもわかるということになります。倍率を求める式は29で見てきたものを再掲します。この倍率を求める式を使って今度は像の大きさを求めてみましょう。

焦点距離f＝200㎜の凸レンズを使い、レンズの前方a＝300㎜に物体を置いたときの像を調べてみましょう。ガウスの結像式を使い像の位置bを求めると、b＝600㎜が求まります。また、像の倍率を求める**式1**より、m＝600／300＝2倍となることがわかります。これらのことから、レンズ後方600㎜のところに物体の2倍の大きさの像ができることがわかります。

では、焦点距離f＝100㎜の凸レンズで2倍の像を作るには、物体をどこに置けばいいでしょうか？これは倍率の**式2**から容易に求めることができます（**例題1**）。前側焦点位置から前方50㎜に物体を置けば、後側焦点位置から後方200㎜の位置に2倍の像を作ることができます。このように、使うレンズの焦点距離が決まれば、物体をどこに置くか、あるいは何倍の像を作りたいかによりできる像の情報を簡単に得ることができます。

凹レンズではどうでしょうか？1枚の凹レンズでは実像はできません。代わりにそこにあたかも物体があり、そこから光が来ているかのような虚像ができます。この虚像の倍率も凸レンズの場合と同様に倍率（m）＝b／aで求めることができます（**例題2**）。ただし、凹レンズの場合の焦点距離はマイナスの記号を付けて表し、凸レンズと区別します。凹レンズの場合は28で見てきたように、物体をどこに置いても虚像ができるところが凸レンズと異なるところです。

要点BOX

- 像の倍率（m）＝物体までの距離（a）／像までの距離（b）
- 凸レンズの焦点距離は正、凹レンズの焦点距離は負の値で表して区別する

レンズの倍率を求める3式(29より)

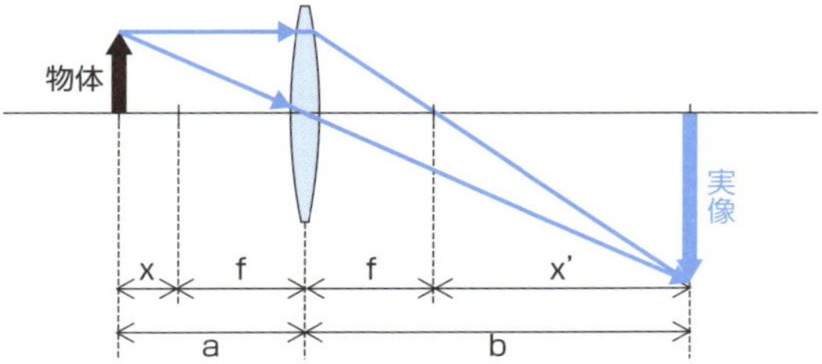
物体
実像
x
f
f
x'
a
b

$$m(倍率)=\frac{b}{a} \quad \cdots 式❶$$

$$m(倍率)=\frac{f}{x} \quad \cdots 式❷$$

$$m(倍率)=\frac{x'}{f} \quad \cdots 式❸$$

例題1

凸レンズ(焦点距離f=100mm)で2倍の像を作るためには、レンズと物体をどのように配置すればよいでしょうか?

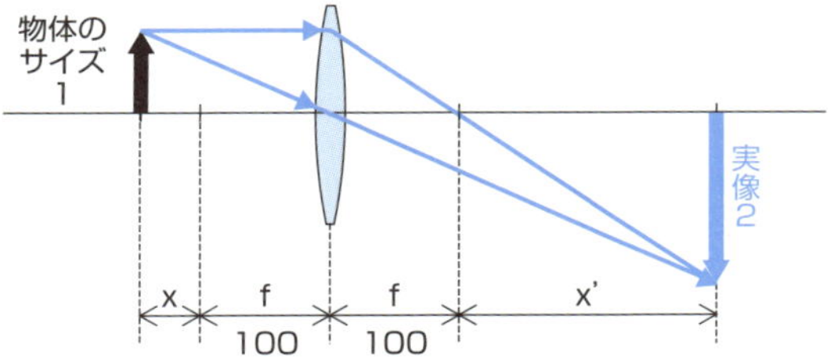
物体のサイズ1
実像2
x
f
f
x'
100
100

倍率の式❷より

$$m(倍率)=\frac{f}{x} \quad より \quad 2=\frac{100}{x}$$

$$\therefore \quad x=50、m=2$$

倍率の式❸より

$$m(倍率)=\frac{x'}{f} \quad より \quad 2=\frac{x'}{100}$$

$$\therefore \quad x'=200$$

従って、レンズから物体を前側焦点より50mm手前に置けば、レンズの後側焦点より200mm離れたところに2倍の像ができることがわかります。

例題2

凹レンズ(焦点距離f=−100mm)の前方300mmのところに物体を設置すると、どこにどのくらいの像ができるでしょうか?

凹レンズの場合、焦点距離は負の値で表します。

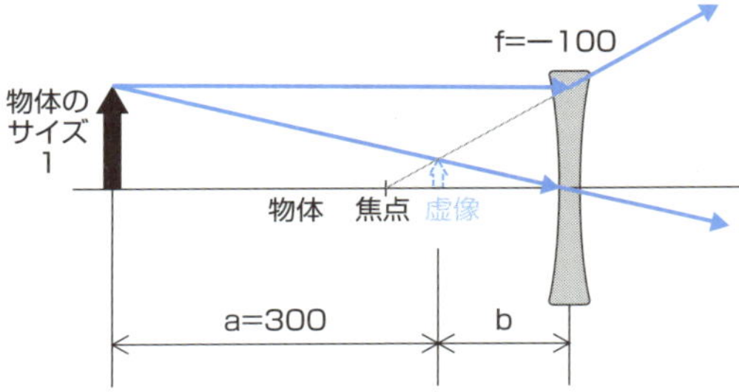
f=−100
物体のサイズ1
物体
焦点
虚像
a=300
b

凹レンズにガウスの結像式を適用して、像のできる位置(b)を求めます。

$$\frac{1}{300}+\frac{1}{b}=-\frac{1}{100}$$

b=−75mm

像の倍率は、$m=\left|\frac{b}{a}\right|$ から

m= 75/300 = 0.25 倍

従って、レンズから75mm手前のところに0.25倍の虚像ができることがわかります。

31 複数のレンズを通る光の経路

複数のレンズで収差を低減させたりレンズ長を変える

1枚の単レンズで光学系を構成しているのは、例えばメガネレンズやルーペなどと実は限定されています。一般的には複数枚のレンズを組み合わせて光学系を構築しています。その第一の理由は、4章で見ていくレンズに発生する「収差」の低減のためで、第二の理由は、焦点距離に比べレンズ長を短くしたり、その逆を実現するためなどです。ここでは、第二の理由に挙げた複数枚のレンズの使用例を調べましょう。

まず、2枚の凸レンズで像を作ったときの光の経路と像のできる様子を調べてみましょう（**図**①）。最初のレンズで物体の像ができます。この像を二番目のレンズの物体と考えて、二番目のレンズでできる像を考えればよいのです。それぞれのレンズでガウスの結像式を適用して順番に像のできる位置を求めていきます。この方法で、複数枚のレンズを組み合わせた場合にも像位置を求めることができます。

一眼レフカメラの交換レンズのように、レンズ取り付けマウントから撮像素子までの距離は決まっています。望遠レンズのような焦点距離の長いレンズは**図**②のように構成されています。また、広い範囲を撮影するために使用する広角レンズでは、短焦点レンズを用います。このようなレンズは、**図**③の構成となります。このときには逆に、決められた結像位置までの距離を作らなければなりません。このように2枚のレンズを使用している製品は多くあります。顕微鏡は基本的には2枚の凸レンズを組み合わせており、地上望遠鏡（双眼鏡など）は凸レンズと凹レンズまたは、凸レンズ2枚という組み合わせです。また、天体望遠鏡は凸レンズ2枚の構成です。

さらに、未知のレンズの焦点距離を調べるレンズメータという装置の光学系を見てみましょう。こちらははっきり焦点距離のわかっているレンズを2枚利用している装置で、別の理由で複数枚のレンズを用いている例です（**図**④、P76参照）。

要点BOX

- 収差の低減や結像位置を制御するために複数のレンズを使う
- 望遠鏡、顕微鏡、双眼鏡はレンズ2枚を用いる

2枚の凸レンズでできる像を求める

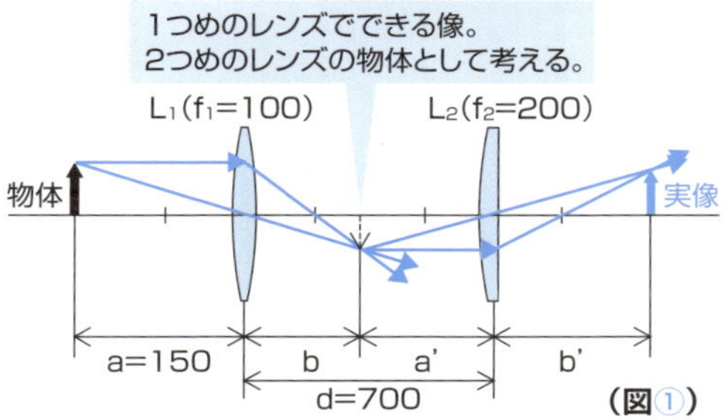
1つめのレンズでできる像。
2つめのレンズの物体として考える。
L1(f1=100)
L2(f2=200)
物体
実像
a=150
b
a'
b'
d=700

(図①)

最初にレンズL_1にガウスの結像式を当てはめます。

$$\frac{1}{150}+\frac{1}{b}=\frac{1}{100} \quad \therefore b=300$$

次にレンズL_2にガウスの結像式を当てはめます。

$$\frac{1}{400}+\frac{1}{b'}=\frac{1}{200} \quad \therefore b=400$$

最終像のできる位置は第二レンズの後方b'=400のところとなります。

像の倍率を計算すると

第1レンズの倍率(m_1)は、$m_1=b/a=300/150=2$

第2レンズの倍率(m_2)は、$m_2=b'/a'=400/400=1$

総合倍率(m)は、$m_1 \times m_2$となるので、$m=m_1 \times m_2=2\times1=2$倍

一眼レフカメラの交換レンズ

望遠レンズの構成：凸レンズと凹レンズの組み合わせとなる。焦点距離(f)が長い。

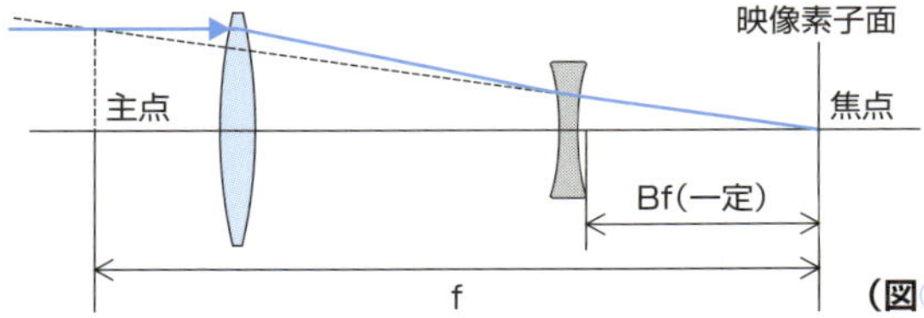
映像素子面
主点
焦点
Bf(一定)
f

(図②)

広角レンズの構成：凹レンズと凸レンズの組み合わせとなる。焦点距離(f)が短い。

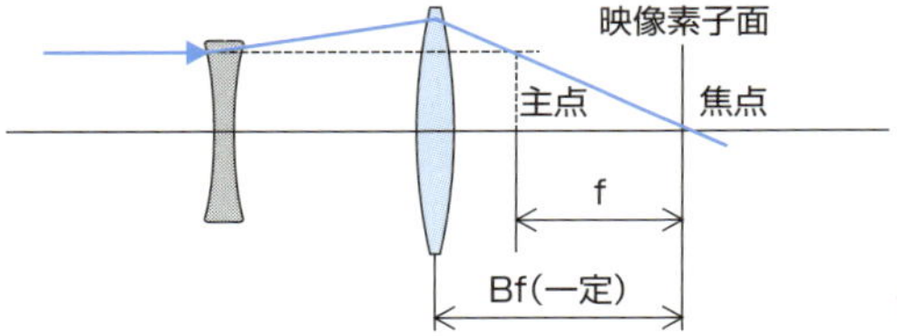
映像素子面
主点
焦点
f
Bf(一定)

(図③)

未知のレンズの焦点距離(f)を求める場合

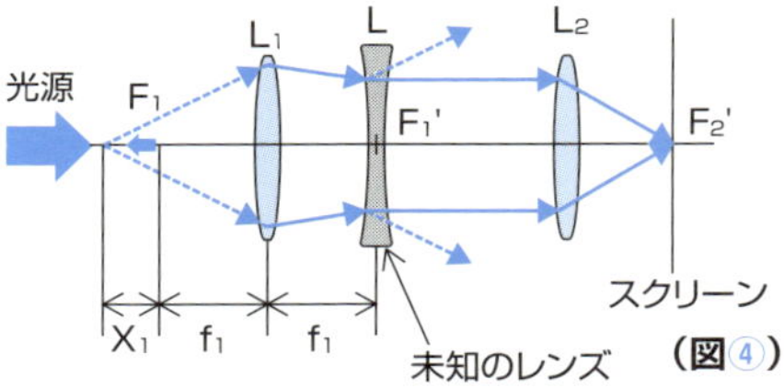
光源
F1
L1
L
L2
F1'
F2'
スクリーン
X1
f1
f1
未知のレンズ

(図④)

光源をレンズL_1の焦点(F_1)に、レンズL_2の焦点(F'_2)に置いたスクリーン上に光源像を作ります。次に未知のレンズをL_1の焦点(F'_1)に置き、光源を動かしてスクリーン上に光源の像を写します。

未知のレンズの焦点距離(f)は

$f = f_1^2/ X_1$

で求めます。

Column

レンズの焦点距離を測る

メガネ店などでレンズの光を屈折させる力、すなわち屈折力を測定するために使われるレンズメータという装置があります。

　そのシステムはいろいろ考案されていますが、最も簡単な構成は、レンズから結像する距離、焦点距離のわかっている2枚のレンズを用いる方法です。

　この2枚のレンズの前に光源のランプ、後ろにスクリーンを置きます。そして、ランプの位置を前後させてスクリーン上にランプの像を作ります。この状態で測定したいレンズを前側のレンズの焦点の位置（F'_1）に入れます。そうするとスクリーン上のランプの像は見えなくなります。

　そこで、今度はランプの位置を前後させて、スクリーン上に①のようなランプの像を作ります。そして最初のランプの位置から移動させた距離（X）を測定します。

　このXと2枚のレンズの焦点距離（F_1、F_2）から未知のレンズの焦点距離を計算で求めることができます。

　屈折力（P）はジオプターという単位で表現します。これはレンズの焦点距離をメートル単位で表した数の逆数です。たとえば焦点距離200メートルのレンズの屈折力は1／0.2で5ジオプターということになります。

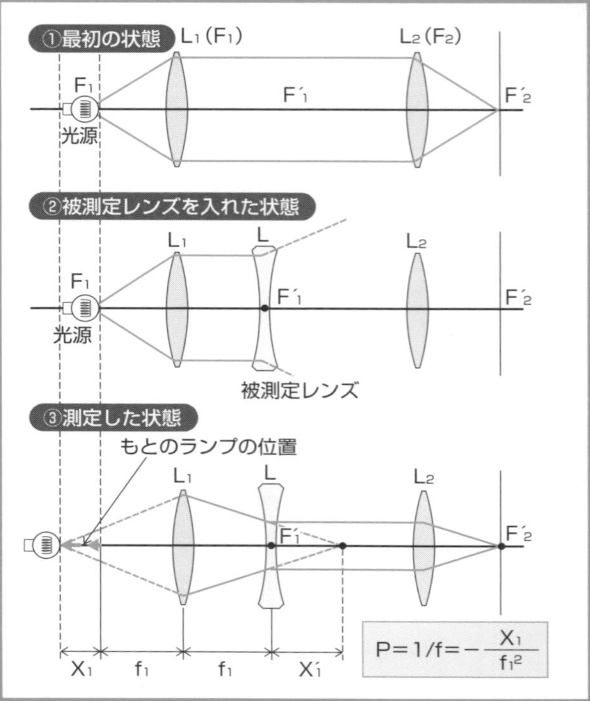

①最初の状態
L1（F1）
L2（F2）
F1
F´1
F´2
光源
②被測定レンズを入れた状態
L1
L
L2
F1
F´1
F´2
光源
被測定レンズ
③測定した状態
もとのランプの位置
L1
L
L2
F´1
F´2
X1
f1
f1
X´1

$$P=1/f=-\frac{X_1}{f_1^2}$$

第4章

レンズの収差

32 集めた光は必ずしも一点に集まらない

レンズの収差

レンズの面の形状は一般的に球面になっています。この球面形状のレンズは、研磨して作る上で大変都合がよい形であり、昔から作られていました。しかも、この球面に平行に入った光はこれまで見てきた通り一点に集まるように光を曲げてくれます。球面というシンプルな形状にも関わらず、とても素敵な性質を持っているのです。しかし、光が集まった点を詳しく見ていくと、あたかも一点に集まっているかのように見える光も実は、一点に集まっていないことがわかります。この一点から出た光がレンズを通して一点に集まらない現象を総称して「収差」と呼んでいます。

レンズに入った光は、その境界面で屈折して光路が曲がります。その曲がる度合いは14で見てきた「スネルの法則」により決まります。光が入射するレンズの各場所でこのスネルの法則を適用して光が集まる位置を計算すると、その位置はばらばらであることがわかります。このために光は一点に集まらずに、ある大きさを持って広がってしまいます。こうなるとレンズによりできた像がぼやけることになります。

レンズに入る光が一点に集まらなかったり、集まる位置が平面上になかったり、レンズによりできた像が歪んで物体の形が変形してしまう現象などを五つに分類して命名したのがドイツ人のザイデルで、これを「ザイデルの5収差」といいます。

スネルの法則はガラスの屈折率の影響を受けますが、この屈折率は光の波長により異なっています。すなわち光の波長（光の色）によって、光の集まる位置が異なることを意味します。この種類の収差を「色収差」といいます。また、光が一点に集まらない別の原因として光の波長の影響もあります。

また、レンズが球面形状をしていることにより、レンズの各場所に入った光が一ヶ所に集束しない収差が発生して、像がぼやけてしまいます。レンズ開発は、これらの収差を減らすための戦いといえます。

要点BOX
- 球面レンズは、厳密には光を1点に集められない
- 「ザイデルの5収差」と「色収差」
- レンズは「スネルの法則」により光が曲げられる

収差の分類:ザイデルの5収差と2つの色収差

- 収差
  - 単色収差
    - 球面収差：光軸上で光線が1点に集まらない
    - コマ収差：光軸から離れたところで点像が尾を引く
    - 非点収差：縦方向と横方向で像のできる位置がずれる
    - 像面湾曲：像のできる面が、平面ではなく湾曲する
    - 歪曲収差：物体と像が相似にならない
  - 色収差
    - 軸上色収差：光の波長によって結像位置が異なる
    - 倍率色収差：光の波長によって像の大きさが異なる

色収差の発生原因

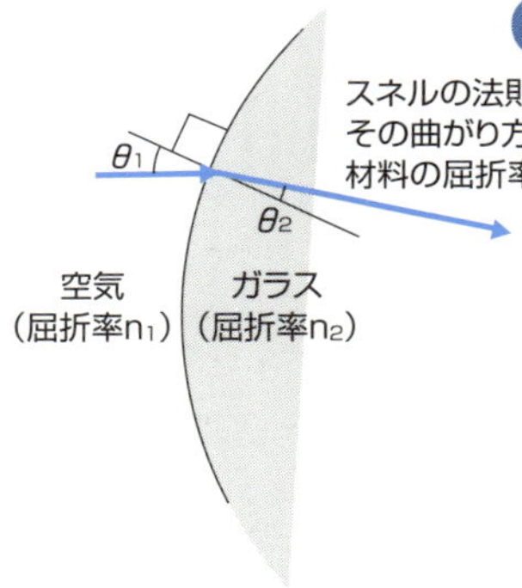

θ1
θ2
空気
（屈折率n1）
ガラス
（屈折率n2）

スネルの法則により、レンズに入ると光が曲がります。
その曲がり方はレンズ材料の屈折率により変わります。
材料の屈折率が入る光の波長によって変わることが色収差発生の原因です。

スネルの法則：$n_1 \cdot \sin\theta_1 = n_2 \cdot \sin\theta_2$

ある硝子材料の波長による屈折率の変化

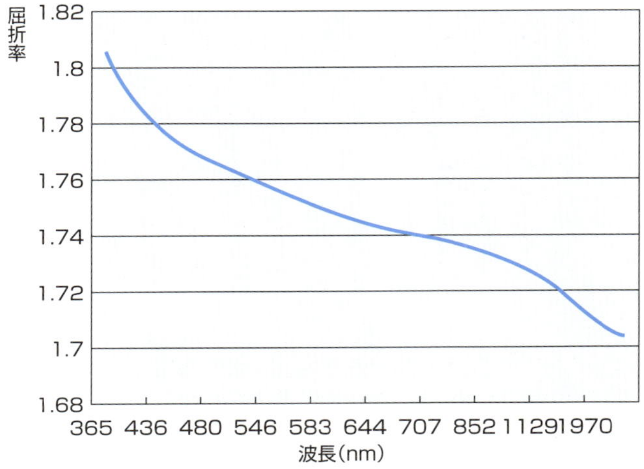

屈折率
1.82
1.8
1.78
1.76
1.74
1.72
1.7
1.68
365 436 480 546 583 644 707 852 1129 1970
波長(nm)

33 光軸上の一点に集まらない収差

レンズの中心を通る仮想の直線を光軸といい、凸レンズでは、レンズに平行に入った光はその光軸上の一点に集まり、その点を焦点といいました(26)。ところが、球面レンズ1枚では収差のために光軸上の一点には集まりません。この収差を「球面収差」といいます。これはレンズが球面であることに起因しています。光軸付近に入った光は遠くに集まりますが、レンズの周辺から入った光はレンズの近くに集まります。この位置の差を「縦の球面収差」といいます。近くに集まった光はその後広がっていくので、像面では円形に広がった光となります。その広がりの大きさを「横の球面収差」といいます。これらのことから、光軸上の点像はぼやけたものになってしまいます。球面収差の大きさは、レンズの形状やレンズ材料の屈折率の違いで変わります。

球面収差の量を小さくする対策として、球面以外の「非球面」を利用することも一つの方法です。近年では非球面レンズを利用したレンズ系も多く見られます。ただし、非球面に加工する方法は面倒でコストが高くなりがちです。別の方法として、凸レンズと凹レンズと組み合わせてそのズレを小さくする方法もあります。凸レンズと凹レンズでは球面収差の発生する方向が反対になることを利用してキャンセルさせています。こちらの方法では、同じ球面レンズを2枚使用して球面収差を減らしています。

一般的に球面収差はレンズに入る光が光軸から遠くなるに従い大きくなっていきます。したがってレンズに入る光を絞る(有効径を小さくする)と球面収差は急速に減っていきます。写真を撮るときにも絞りを絞ったほうが球面収差を減らすことができますが、レンズに入る光量も同時に減ってしまいます。入射した光線が像面のどの位置に入るかを表した「スポットダイアグラム」でその状況を確認します。この図を見ると、光の収束状況が直感的に理解しやすくなります。

要点BOX
- 平行に入った光が1点に集まらない「球面収差」
- 「縦の球面収差」、「横の球面収差」
- 非球面レンズやダブレットで球面収差対策をする

球面収差の発生状況

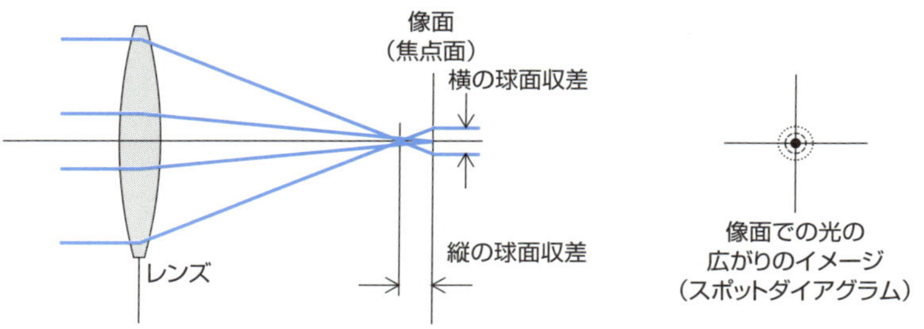

像面
（焦点面）
横の球面収差
縦の球面収差
レンズ
像面での光の
広がりのイメージ
（スポットダイアグラム）

有効径と絞り

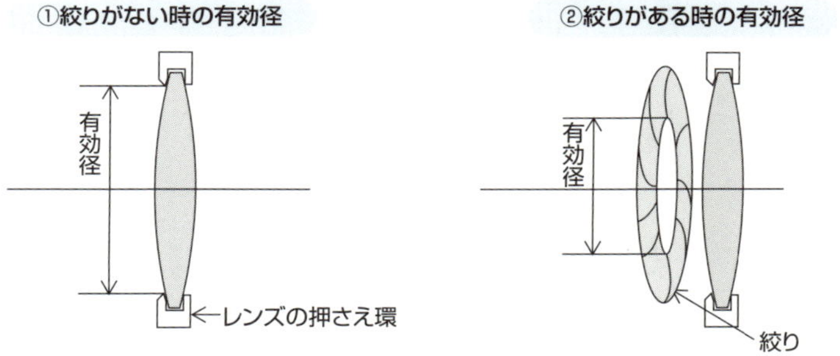

①絞りがない時の有効径
有効径
レンズの押さえ環
②絞りがある時の有効径
有効径
絞り

球面収差の対策（球面収差の発生を抑える）

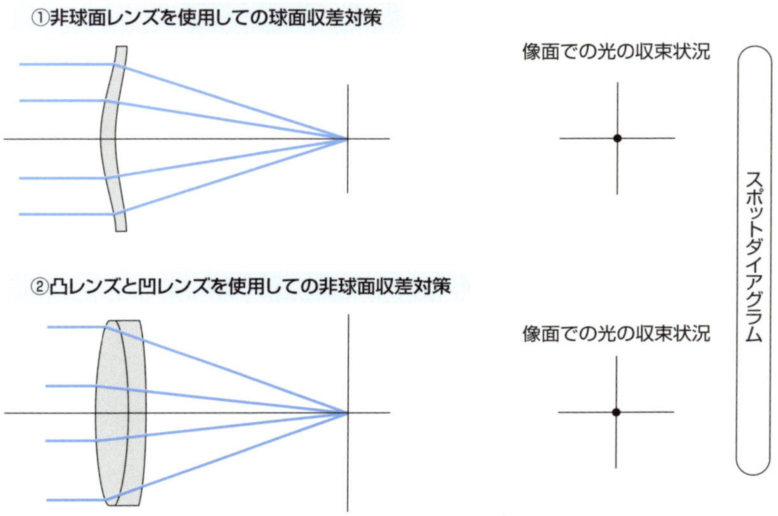

①非球面レンズを使用しての球面収差対策
像面での光の収束状況
②凸レンズと凹レンズを使用しての非球面収差対策
像面での光の収束状況
スポットダイアグラム

34 彗星のように点像が尾を引く収差

コマ収差とアッベの正弦条件

光軸外からレンズに入る光についても、先に述べた球面収差と同様に、レンズ中心部分に入った光とレンズ周辺部分に入った光は像面上で一点に集まりません。このために像は点にはならず、尾を引いて夜空を流れる彗星のような像となってしまいます。彗星のように尖った先頭の部分の明るさは明るく、尾に当たる部分は次第に暗くなっていきます。レンズによっては、流れる尾の部分がレンズの外側の方向に出るもの（外コマ）と内側に出るもの（内コマ）の二種類があります。

単レンズの場合には、このボケの直径はレンズの有効径の2乗に比例します。球面収差同様に有効径を絞ることでこのコマ収差を小さくすることができます。

さらにコマ収差はレンズに入る光の画角に比例します。このためコマ収差は少し物点が光軸から外れたり、レンズが傾いただけでも直ちに発生してしまうため、光軸上の光しか使わないDVD用のレンズなどでも補正しておく必要があります。

コマ収差を補正する方法として凸レンズと凹レンズを組み合わせる方法と、両面を非球面にした凸レンズを使用する方法が知られています。球面収差とコマ収差を補正したレンズを「アプラナートレンズ」といいます。

CDやDVD等では、レンズに入る光の波長は一定ですが、カメラのレンズのようにいろいろな波長（光の色）が使われる場合には、レンズのガラスの屈折率がそれに伴い変わってしまうため、コマ収差の大きさも変わってしまいます。

顕微鏡のレンズのように有効径が大きな大口径レンズなどでは、球面収差と同時にコマ収差の発生が大きな問題になります。考えたレンズ構成での収差の大きさを見積もる簡単な方法があると大変便利です。この研究をして導き出された方法が「アッベの正弦条件」です。この条件は光軸上の結像に球面収差がないとき、コマ収差も同時になくなる条件となっていてレンズ構成を考える上で役に立ちます。

要点BOX

- 「コマ収差」は光軸外からレンズに入る光で発生する
- 流れる尾がレンズの内側に出る「内コマ収差」、外側に出る「外コマ収差」

コマ収差発生原因の図

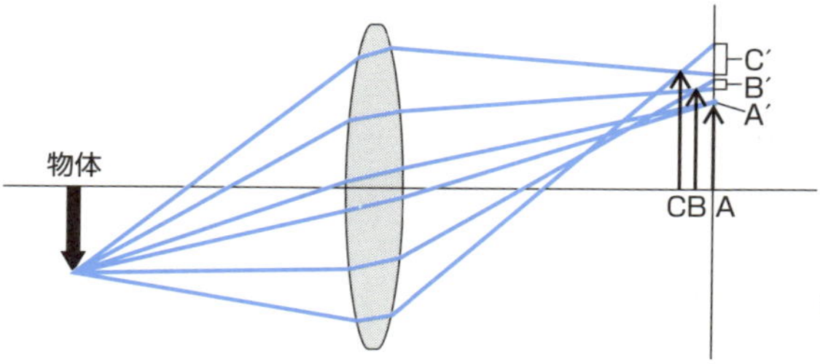
物体
C′
B′
A′
CB A

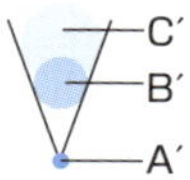
C′
B′
A′

点像のボケ方が
彗星のような形になる。

光が通るレンズの場所(輪帯)により像の倍率が異なります(A→Cへと大きくなります)。
収束する高さが異なります。

実際のコマ収差の写真の例

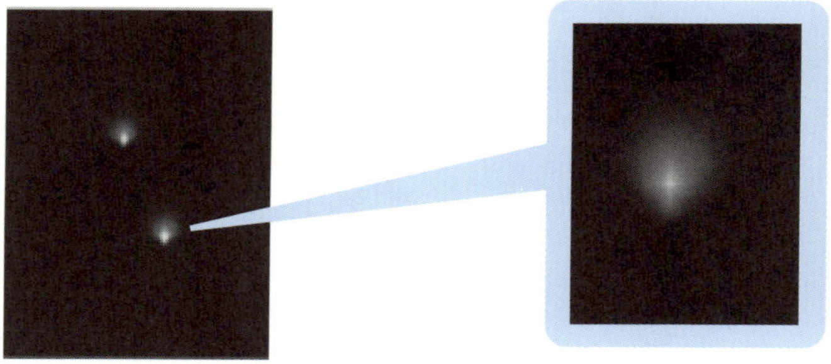

夜景での遠方の光の像　　拡大像

内外性コマ収差と外向性コマ収差について

上の写真の点像を拡大して、発生しているコマ収差を見ると、尾を引く方向が光軸より離れる方向の外向性コマと光軸方向に尾を引く内向性コマとに分かれます。

点像の拡大図

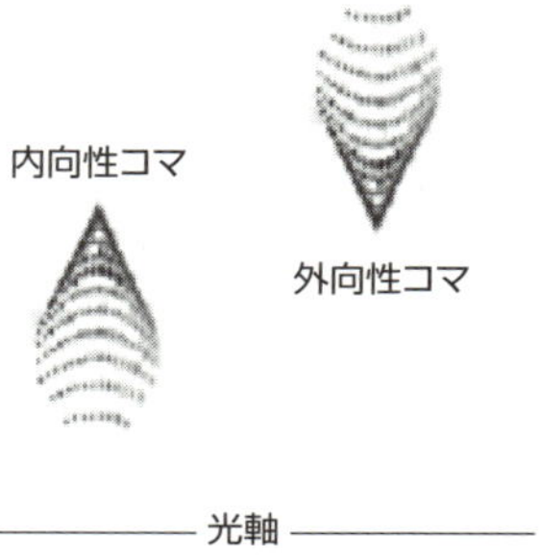
内向性コマ
外向性コマ
光軸

35 像面でピントの合う位置が異なる収差

非点収差と像面湾曲

一般的に、レンズにより物体の像を作るとき、像のできる像面の位置に差が出ます。この収差には「非点収差」と「像面湾曲」があります。

固定した像面にレンズを移動させて周辺部でピントを合わせようとすると、縦の線にピントを合わせた時と横の線にピントを合わせた時でレンズの位置が異なることに気がつきます。これは非点収差が発生している状況を意味します。

この非点収差の発生を確認するためには、光軸を中心として「同心円状に描かれた線」と「半径方向に描かれた線」のペアになったチャートを使います。このチャートをレンズで結像させて両方の線にフォーカスできているかを確認して調べます。非点収差の原因は、縦方向にレンズに入った光はどの角度でレンズに入射してもレンズの曲率半径は同じなのに対し、水平方向に入る光はレンズに入る角度により曲率半径が異なることに起因しています。

もう一つの「像面湾曲」は、像面の中心部と周辺部でのピントの位置が光軸前後にずれる収差のことです。像面湾曲があると、撮影した写真の中心部はしっかりとピントが合致しているにもかかわらず周辺部がボケた写真となります。そこで周辺にピントを合わせ直すとしっかり周辺のピントを合わせることができますが、このときには中心部はボケてしまいます。つまり、像面湾曲があるレンズでは中心部と周辺部の両方に同時にピントを合わせることができません。像面湾曲はレンズに入る画角の2乗に比例し、レンズの有効径に比例した円になります。

絞りを絞るなどして有効径を小さくするとある程度改善はされますが、収差そのものをなくすことはできません。像面湾曲を補正するためには、レンズ形状を変えたり絞りの位置を変えるなどの工夫が必要になります。非点収差と像面湾曲を同時に補正する条件に「ペッツバール和」があります。

要点BOX

- 縦と横の結像のズレを「非点収差」という
- 中心部と周辺部のピントのズレは「球面収差」という
- 「ペッツバール和」により評価

非点収差の状況

縦方向aと横方向bで結像する位置が異なります。

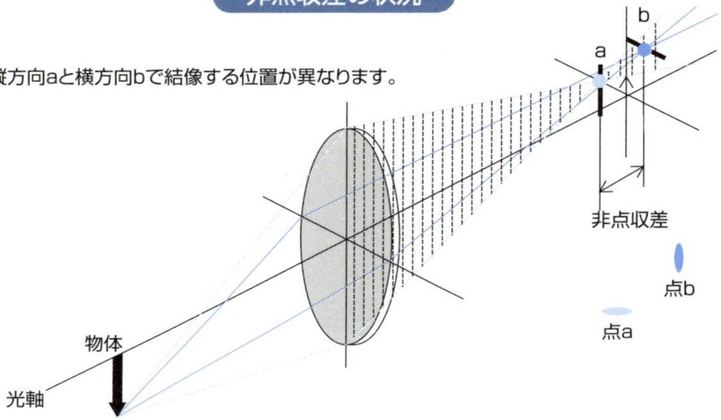

a
b
非点収差
点b
点a
物体
光軸

非点収差の発生原因

レンズにより光が収束する位置は、レンズの曲率によって変わるために「非点収差」や「像面湾曲」などの収差が発生する原因となります。

①球欠面(サジタル面)

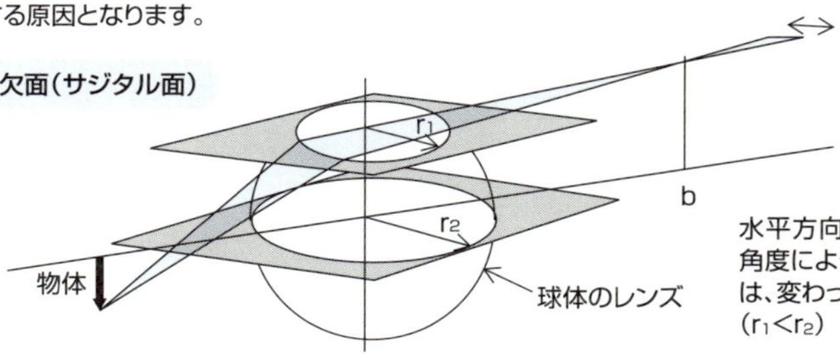

r1
r2
b
物体
球体のレンズ

水平方向の光はレンズに入る角度によって、レンズの曲率径は、変わってしまいます。($r_1 < r_2$)

②子午面(メリディオナル面)

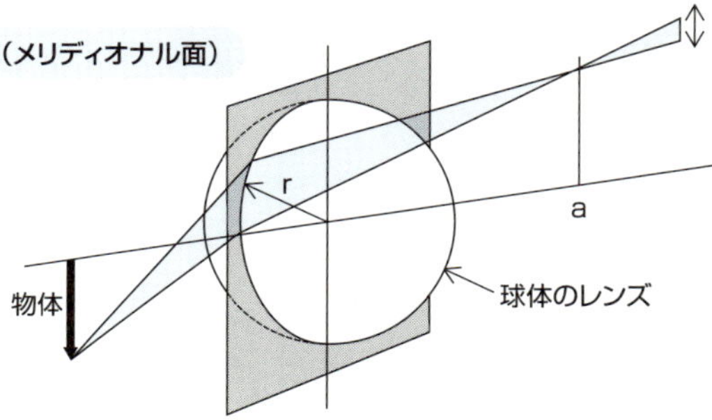

r
a
物体
球体のレンズ

垂直方向の光はどの方向からレンズに入っても、レンズの曲率半径(r)は変わりません。

用語解説

ペッツバール和:平面状の物体の像面が平面にならない像面湾曲という収差を取り除く条件で、レンズの焦点距離と屈折率から求める

36 物体と像の相似の関係が崩れて像がゆがむ

歪曲収差

これまでの4種類の収差は像がボケる収差ですが、「歪曲収差」は像はボケないものの、像が歪んで物体との相似形がくずれる収差です。歪曲収差は「ディストーション」とも呼ばれています。

歪曲収差を確認するには、碁盤の目のようなパターンをレンズで結像させて見ます。歪曲収差があると画面の周辺部で像が歪んでしまいます。周辺部にいくほど像が縮む歪曲収差を「タル型」といい、広角レンズで発生しがちです。周辺部にいくほど像が伸びる歪曲収差を「糸巻き型」といい、望遠レンズで発生しやすくなります(**図①**)。

歪曲収差は、画角の3乗に比例して発生します。これはレンズの有効径には関係しないので、絞りをいくら絞っても歪曲収差の改善には寄与しません。歪曲収差の種類は絞りの位置で変わります。凸単レンズの場合には、絞りが物体側にあるときにはタル型の歪曲収差となり、像側に絞りがあるときには、糸巻き型の歪曲収差となります。

複数のレンズを用いた、前後に対称型のレンズでは、中央部に絞りがあると歪曲収差がキャンセルされる性質があります。また、同時にコマ収差も補正されるので、カメラレンズなどで対称型のレンズ構成をよく見かける理由になっています。

ディストーションの表し方としては、理想的な像の高さ(Y_0)と実際の像の高さ(Y)を用いて$D=(Y-Y_0)/Y_0$で表します。実際の写真レンズでは、2～3%の歪曲収差のものも少なくありませんが、これはこの程度の像の歪みは人間はそれほど気にしないものであるという認識からきています。

歪曲収差の表し方としては、縦軸に半画角(θ)または、理想像の高さ(Y_0)をとり横軸には歪曲度合いD(%)をとったグラフで表します。歪曲収差が負の値では、**図②**のようなタル型の歪曲収差を表し、正の値の時は糸巻き型となります。

要点BOX
- 像が縮む「タル型」と像が伸びる「糸巻き型」
- 歪曲収差は画角の3乗に比例
- 絞りの位置により歪曲収差の出方が変わる

歪曲収差による像の歪み

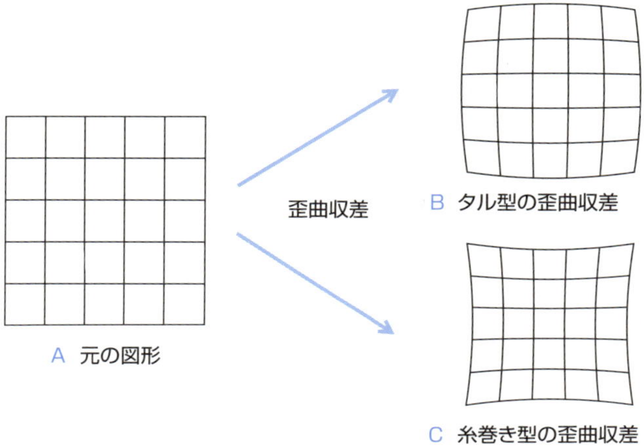

歪曲収差
A 元の図形
B タル型の歪曲収差
C 糸巻き型の歪曲収差

(図①)

歪曲収差の表し方

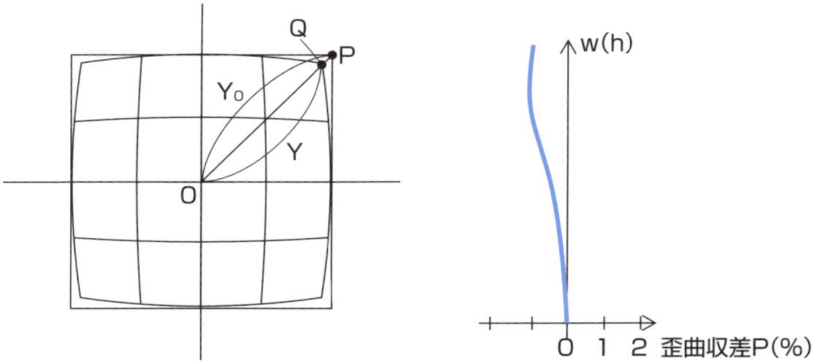

Q
P
Y0
Y
O
w(h)
0 1 2 歪曲収差P(%)

$$\text{歪曲収差(D)} = \frac{Y - Y_0}{Y_0} \times 100(\%)$$

(図②)

各収差と画角および有効性の関係表

	画角(θ)	有効径	絞り位置
球面収差	一定	3乗	―
コマ収差	比例	2乗	―
非点収差	2乗	比例	変わる
像面湾曲	2乗	比例	―
歪曲収差	3乗	―	変わる

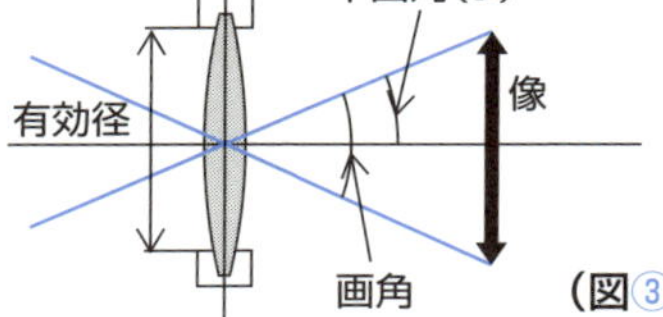

半画角(θ)
像
有効径
画角

(図③)

画角とは、像の両端からレンズ主点へ結んだ光線のなす角をいいます。

37 色のにじみ

光がレンズの面、すなわち境界面で屈折するのは、レンズのカーブ度合いである曲率の他に、レンズ材料である硝材の屈折率によります。ところがさらに、レンズの材料が同じでも、この屈折率はいつも一定ではなく、レンズに入る光の波長により変わってしまいます。波長の短い紫や青の光が入ったときの屈折率は大きくなり焦点より手前に光が集まり、赤などの波長の長い光の場合の屈折率は小さくなり焦点位置より遠くに集光します。つまり、光軸上に光が集まる場所が光の色により違ってしまうのです。これが「軸上の色収差」と呼ばれるものです。

この現象は、昔から知られておりレンズの欠点とされていましたが、1733年にイギリスのホールが低屈折率のクラウンガラスの凸レンズと、高屈折率のフリントガラスの凹レンズを組み合わせることで軸上の収差を補正することに成功しました。この「色消しレンズ」の発明で光学系の性能が格段に向上しました。この色消しレンズは赤色と青色の軸上の色収差を減少させるもので、2色補正の機能を施したレンズを「アクロマートレンズ」といいます。

一方、光の波長によって像の倍率が変わってしまう収差を「倍率の色収差」といいます。この収差があると像の周辺部で色ずれが発生して、像に青や赤の縁取りがついてしまいシャープな像となりません。倍率の色収差が発生する原因も、レンズの材料により屈折率が光の波長により変わってしまうことによります。やはりこの収差の補正は1枚のレンズではできず、性質の異なるレンズを組み合わせることで解決します。倍率の色収差はレンズの有効径を小さくしても変わりませんが、絞りの位置を調整することで軽減できます。さらには対称形のレンズシステムでは、中央に絞りを設置すると効果的に補正することが可能となります。このように、いろいろな方法でレンズの収差を補正する試みが行われています。

要点BOX

- ●光軸上に発生する「軸上の色収差」
- ●光の色で像の大きさが変わる「倍率の色収差」
- ●レンズを組み合せて色収差を低減させる

色収差

倍率の色収差の発生状況

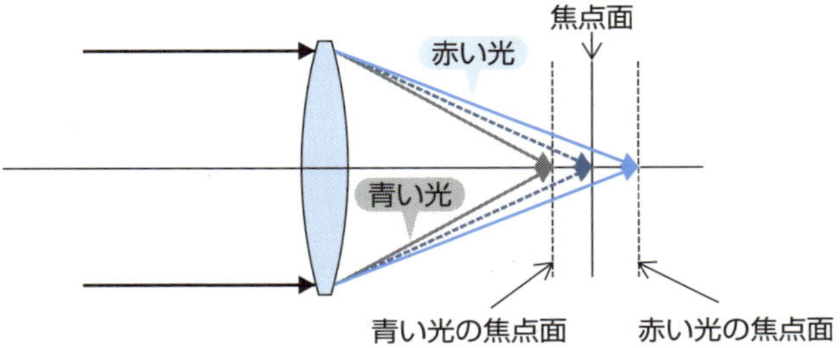
焦点面
赤い光
青い光
青い光の焦点面
赤い光の焦点面

色消しレンズ（2色の色消し補正をするレンズ「アクロマートレンズ」）

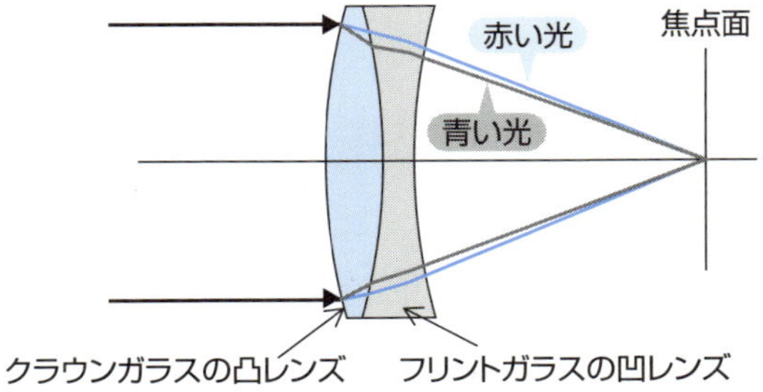
赤い光
焦点面
青い光
クラウンガラスの凸レンズ
フリントガラスの凹レンズ

倍率の色収差の発生状況

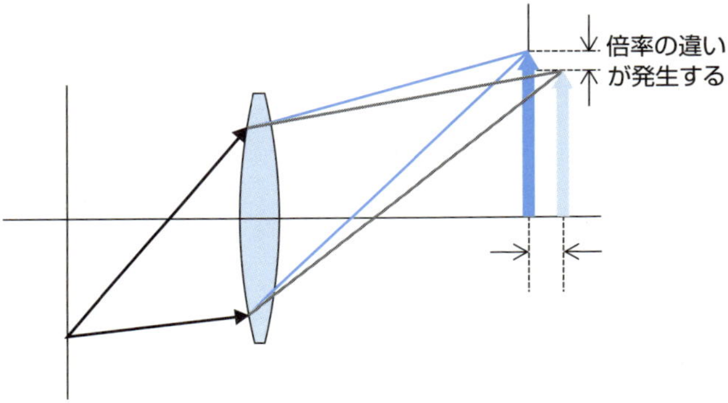
倍率の違い
が発生する

Column

光を集めるレンズ

レンズの光を集める機能は身のまわりで多く活用されています。身近なところでは、懐中電灯のランプの前に光を集めるためにレンズが使われています。また、近年使用が増えてきたLEDランプには、LEDランプの素子そのものに樹脂製のレンズが付いています。交通標識として道路にある3色の信号機も近年はLEDランプになっていますが、通行する車や人の位置に信号機の色の付いた光が届くよう、光を集めてその方向に向くように小さなレンズがLED毎に付けられています。

もっと大きな光源が必要なところがあります。灯台の光です。遠くの船からも灯台の光は見えなくてはなりません。多少の雨や霧が出てもその光が見えることが重要です。そのために灯台の光源は明るくなければなりません。そして大きな光量の光源になればなるほど発熱も大きく、ランプのサイズも大きくなります。さらに光源の光を無駄なく必要な方向に照射することが必要とされます。

このような条件を満たすためにレンズが使われていますが、目的に沿ったレンズを考えると、ガラスのレンズでとても大きく分厚いレンズが必要になります。そのようなレンズでは重量も大きくなり過ぎて、レンズを回転させる灯台では実用化できません。そこで使われているのがフレネルレンズです。写真の灯台のフレネルレンズは、フレネルレンズの周囲にリング状のプリズムが配置されています。中央部のフレネルレンズだけでは屈折角が大き過ぎて水平方向に向けられない外周部の光を、周囲のプリズムによる全反射を利用して、曲げて利用することができます。

都井岬灯台の灯器（3等大型レンズ）

光度：閃光53万カンデラ　光達距離：23.5海里（約43km）

提供：海上保安部 宮崎海上保安部、宮崎海上保安部 HP“灯台写真館”
http://www.kaiho.mlit.go.jp/10kanku/miyazaki/photo-gallery/toudai-kan/toudai.html

第5章

レンズを用いた光学系の性能と性質

38 レンズでどこまで細かいものが見える？

レンズの分解能、開口数

小さくて目では見えないものを拡大して見るために、古来よりレンズが使われてきました。では、レンズでどのくらい小さなものまで見ることができるでしょうか？小さなものを見るための道具に顕微鏡がありますが、見ることができるものの小ささを表す指標として「分解能」という言葉があります。分解能の数値が小さいほど細かいものを見ることができます。

像がどのように作られるかを研究した人が、ドイツのアッベという人で、「アッベの結像理論」を提唱、レンズによる像の拡大原理を示しました。物体に当たった照明光は物体の構造により散乱される「回折光」と、全く影響されない「直接光」の二つの光路に分かれ像面に到達し、それらの光が干渉して像が作られます。回折光は物体の情報を持った光で、直接光は像の背景を司る光です。これらが干渉することで、明るい背景の中に拡大された物体の像が現れることになります。

では、どこまで小さいものが見えるのか考えてみます。大事なのは物体の情報を持つ回折光です。物体に当たって発生した散乱光（回折光）をいかに多くレンズに取り込めるかが、そのレンズの分解能を決めています。図のように「θ」が大きければ大きいほど、レンズに入る散乱光の量が多くなり分解能が向上することがわかります。分解能を小さくする方法は、レンズと物体の間隔を小さくするか、レンズの直径を大きくするとよいことがわかります。

物体とレンズの間の媒質の屈折率をnとすると、NA＝n･sinθで表される「開口数」という指標で、どこまで小さなものが見えるかを推定することができます。顕微鏡で最大の開口数はNA＝1・4，n＝1・5というレンズです。このときの分解能は、図の式で計算すると0・24μで、この大きさの物まで見分けられることがわかります。顕微鏡では、解像限界を超える新しい方法の製品が開発されています。

要点BOX

- ●物体に当たった光は直接光、回折光の2つに分かれる（アッベの結像理論）
- ●どこまで小さいものが見えるかを示す分解能、開口数（NA）

アッベの結像理論

物体に光を当てるとその光は
①回折光（物事の影響を受ける光）と
②直接光（物体の影響を受けない光）に分かれます。

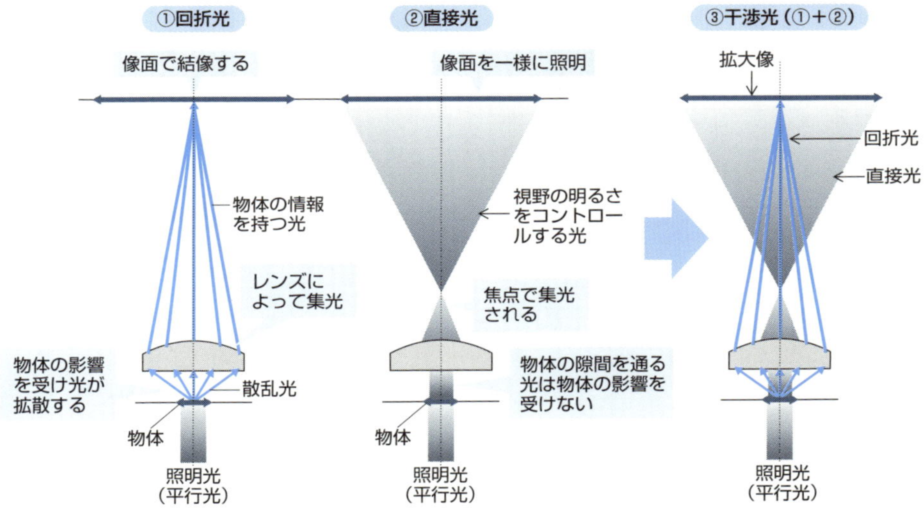

①回折光
②直接光
③干渉光（①+②）
像面で結像する
像面を一様に照明
拡大像
回折光
直接光
物体の情報を持つ光
視野の明るさをコントロールする光
レンズによって集光
焦点で集光される
物体の影響を受け光が拡散する
散乱光
物体の隙間を通る光は物体の影響を受けない
物体
物体
照明光（平行光）
照明光（平行光）
照明光（平行光）

分解能を大きくするためには

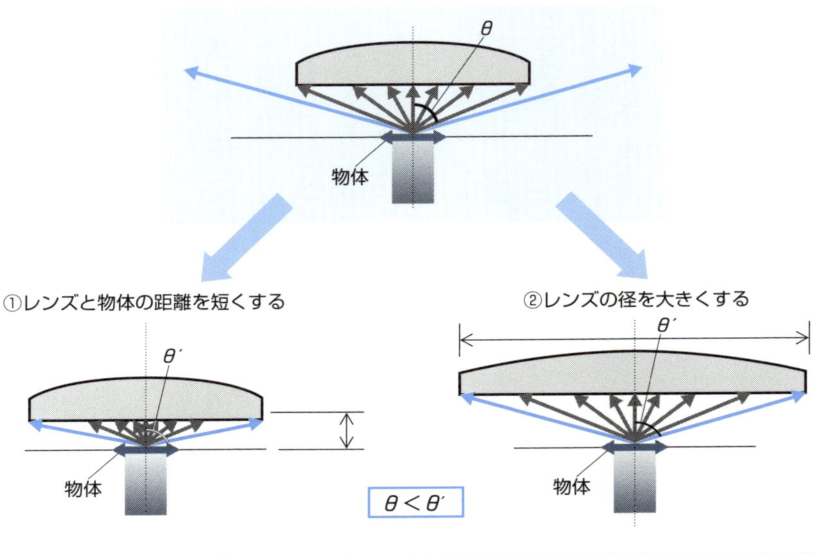

θ
物体
①レンズと物体の距離を短くする
②レンズの径を大きくする
θ′
θ′
物体
物体
θ＜θ′

39 物体を明るく均一に照明する光学系

光なくして物体を見ることはできない

　レンズを通してものを見るには、その物体から光が出ている必要があります。レンズは入ってきた光を一点に集めて像にする機能があります。しかし、闇夜で双眼鏡を使っても何も見えないように、光がレンズに入らないとレンズによる像はできません。そのために、一般的に見たい物体に光を当てる照明系が必要になります。この照明系にもレンズが使用されています。

　ここでは、ものの大きさを測る投影機という装置の照明系や、顕微鏡で見たい物体を明るく照らす照明系について見ていきます。

　投影機の照明系で使われているレンズシステムを「テレセントリック照明」といいます。この照明系は、特有の特徴を持っています。レンズは物体の位置により像の大きさが変わりますが、テレセントリック照明では、物体の位置が変わっても像の大きさは変わりません。このために像の大きさを測る投影機という光学測定装置には不可欠な照明となっています。

　この照明系の「絞り」はレンズの後ろ側焦点の位置に置かれています。このため、物体上の一点から出る光のうち、「光軸に平行な光」だけがこの絞りを通過して像に届きます。それ以外の光は絞りでカットされます。したがって、物体を前後に動かしても像の大きさに変化が出ないのです（図参照）。なお主光線と光軸が平行になることをテレセントリックといいます。

　一方、顕微鏡の照明系には「ケーラー照明」というレンズシステムが使われています。光源のランプのフィラメント像を照明する物体上に作ったのでは、照明にムラが出てしまいます。そこで、照明レンズの前側焦点位置に光源のフィラメント像を作ることで、焦点位置から出た光は平行な光束になり物体を照明することができ、ムラなく明るく照らすことができるのです。この照明系は、プロジェクターなどの照明系にも使われています。この照明法の特徴として、視野絞りと開口絞りの二つの絞りが独立して機能します。

要点BOX

- ●物体をレンズで見るためには光が必要
- ●物体の位置が変わっても像の大きさが変わらないテレセントリック照明

テレセントリック照明

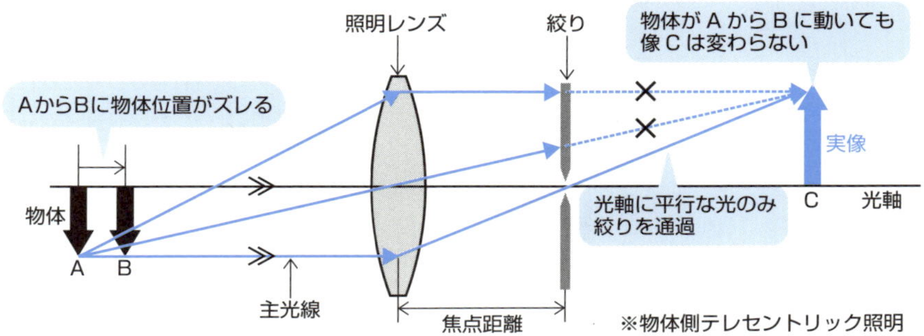
照明レンズ
絞り
物体が A から B に動いても
像 C は変わらない
A から B に物体位置がズレる
物体
A
B
実像
光軸に平行な光のみ
絞りを通過
C
光軸
主光線
焦点距離
※物体側テレセントリック照明

特徴

通常レンズによりできる像は、物体の位置が変わると像の大きさも変わってしまいます。そこで、絞りをレンズの焦点位置に置いて光軸に平行な光線だけを通過させると、物体の位置が変わった場合でも像の大きさは変わらなくなります。
この照明系は、物体の大きさを測定する投影機などの照明に使用されています。絞りを照明レンズの後方の焦点位置に置く「物体側テレセントリック照明」と絞りをレンズの前側に置き物体側の主光線が光軸に平行になる「像側テレセントリック照明」があります。

ケーラー照明

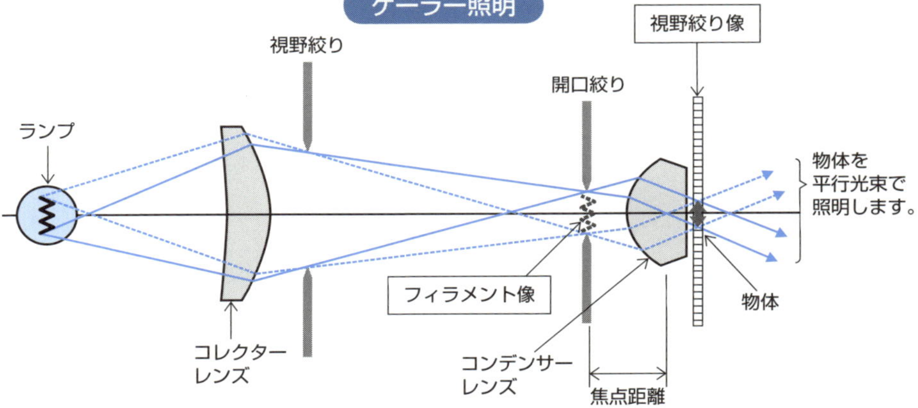
視野絞り像
視野絞り
開口絞り
ランプ
物体を
平行光束で
照明します。
フィラメント像
物体
コレクター
レンズ
コンデンサー
レンズ
焦点距離

特徴

物体を明るくムラなく照明することができます。顕微鏡などで使われています。この照明法は、次の3つの条件が揃うように配置されます。
①開口絞りはコンデンサーレンズの焦点の位置に置かれます。
②視野絞りはコンデンサーレンズにより物体面上に像ができる位置に設置されています。
③ランプのフィラメントがコレクターレンズによりコンデンサーレンズの焦点位置に結像されるようにします。

この照明では、2つの絞りがそれぞれ独立した機能を発揮します。
①視野絞りは物体の必要な範囲だけを照明します。このことにより余分な光をカットできます。
②開口絞りは、物体を照明する角度を調整します。このことで、物体の次に置かれる対物レンズにより作られる像の分解能をコントロールしたり、像のコントラストを調整することができます。

40 レンズの明るさ

明るさの指標Fナンバー

明るいレンズ、暗いレンズといった言い方がよくされますがどういうことでしょうか?これは、そのレンズで作られる像の明るさを指しています。その像の明るさは、概ね「レンズに入る光の量」と「像の倍率」により決まります。

レンズの明るさを表す指標として、レンズ固有の「Fナンバー」というものがあります。これは、レンズの焦点距離（f）とレンズの直径（D）の比で表し、F＝f／Dとなります。レンズに入る光の量はレンズの直径（D）の二乗に比例することから、直径が2倍のレンズに入る光の量は4倍になることがわかります。このことからFナンバーが小さいほど像を作る光の量は多くなり、明るいレンズということがわかります。レンズの明るさはFナンバーの二乗に反比例します。一般的に、交換レンズの明るいレンズには、Fナンバーが「1・2」とか「1・4」といったものが使われています。

また、レンズによりできる像の倍率が大きくなるほど、単位面積当たりの光の量が減って暗くなります。像の倍率が2倍になると像の明るさは1／4になります。像の倍率はレンズの焦点距離（f）に反比例するので、結局、レンズの明るさは焦点距離の二乗に反比例することになります。つまり、明るいレンズとはFナンバーが小さいもの、または焦点距離が短いレンズということになります。カメラなどでは、明るいレンズであるほどシャッタータイムが早く切れることで暗い場所での撮影時にも像のブレが少なくなり、シャープな写真が撮れることになります。

また、このFナンバーは焦点深度に比例しているので、Fナンバーを小さくして撮影すると、焦点深度も小さくなり背景がボケるため、狙った被写体を際立たせた写真を撮ることができます。数列に並んで集合写真を撮るときなど前列から後列の人まで全員にピントを合わせる場合には、逆に、絞りを絞ってFナンバーを大きくして焦点深度を大きくします。

要点BOX

- ●F=f／D（F=Fナンバー、f=焦点距離、D=レンズ径）
- ●明るさ∝1／F^2
- ●明るさ∝ D^2／f^2

レンズの明るさを表すFナンバーの求め方

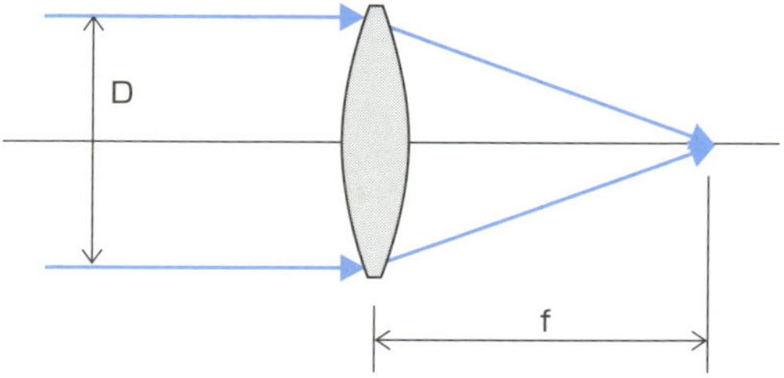
D
f

$$F = \frac{f}{D}$$

F＝Fナンバー　f＝焦点距離
D＝レンズの直径

明るさとレンズの大きさの関係

直径を2倍にすると光の量は4倍

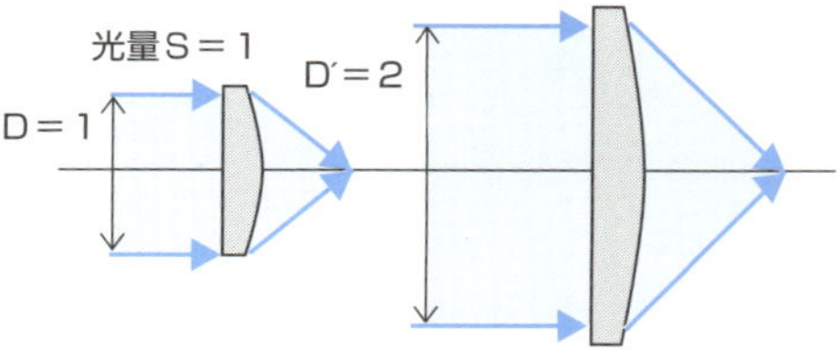
光量S′＝4
光量S＝1
D′＝2
D＝1

有効径（D）と明るさ

$$明るさ \propto \frac{D^2}{f^2}$$

明るさと倍率の関係

倍率を2倍にすると光の量は1／4倍

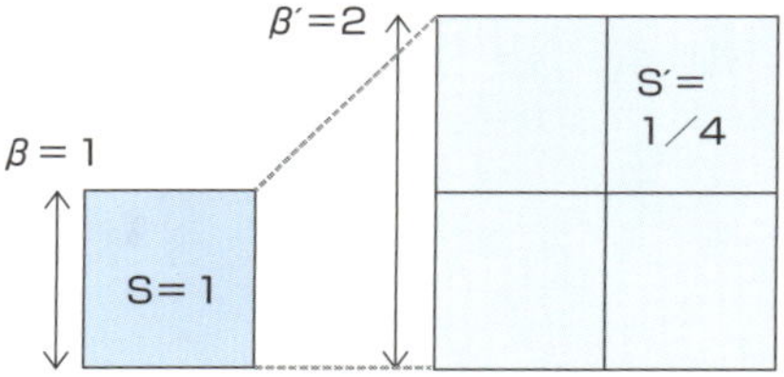
β′＝2
β＝1
S＝1
S′＝
1／4

倍率（β）と明るさ

$$明るさ \propto \frac{1}{F^2}$$

交換レンズのFナンバー

Fナンバー

用語解説

焦点深度：レンズでスクリーン上に作った像は、スクリーンの位置を前後に多少移動させても像はボケない。この像がボケない範囲のこと

41 撮影できる範囲

レンズで物体を撮影するときに、できる像の大きさや写しこめる範囲はレンズの焦点距離と関係があります。物体が有限の位置のところにある場合、レンズによる像の大きさは29、31で述べたように倍率（m）＝b／aで決まります。

しかし、物体が遠くにあるときには、aが無限大で倍率（m）はゼロとなるので、像の大きさが倍率の計算からは求まりません。この場合には像の大きさを式2で求めることになります。ここで、半画角（θ）を設定することになります。カメラなどでは像を記録するもの（昔はフィルムでしたが、現在は撮像素子となっています）の大きさにより、撮影される範囲が決まってきます。記録媒体の端からレンズの像側主点を結んだ光線の角度（θ）を半画角といいます。2θを画角といい、画面に映る範囲を角度で表したものといえます。物体側主点に入った光線は、その角度を変えずに像側主点から射出するので物体側の画角は像側の画角と同じになります。つまり記録媒体に写しこめる範囲は物体側から入る同じ画角内であることがわかります。

人間が自然に注視できる範囲は50度前後ですが、これに対応したレンズの半画角θは25度となります。記録媒体の対角線の長さy′はフィルムの場合はy′＝43．3ですので、式3からレンズの焦点距離（f）は、46㎜ということになります。従来のフィルム式カメラの交換レンズの焦点距離50㎜を標準レンズとしているのはこのためです。望遠レンズでは焦点距離が長いため**式3**から半画角θは小さくなります。つまり記録媒体一杯に写しこめる範囲は狭くなるので、撮影された像は大きな像となるわけです。一方、焦点距離の短いレンズでは、逆に写し込める範囲は広くなりますが、撮影された像は小さくなります。ここでいう長短の焦点レンズとは、標準レンズの焦点距離が基準になります。

画角

要点BOX
- y'＝f･tanθ（1式）画角と焦点距離の関係
- 半画角（θ）、画角（2θ）
- フィルムカメラの標準レンズの焦点距離＝50mm

物体の距離と像の大きさ

（1）物体が有限の距離にある場合

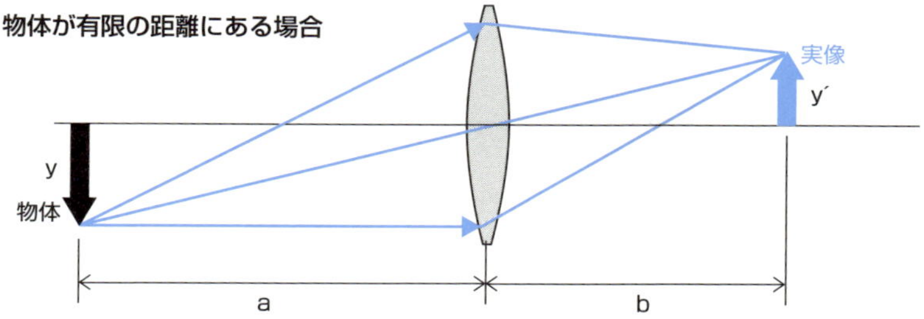

実像
y′
y
物体
a
b

倍率（m）＝ b ／ a　像の大きさ（y′）＝ y × m　…式❶

（2）物体が無限遠にある場合

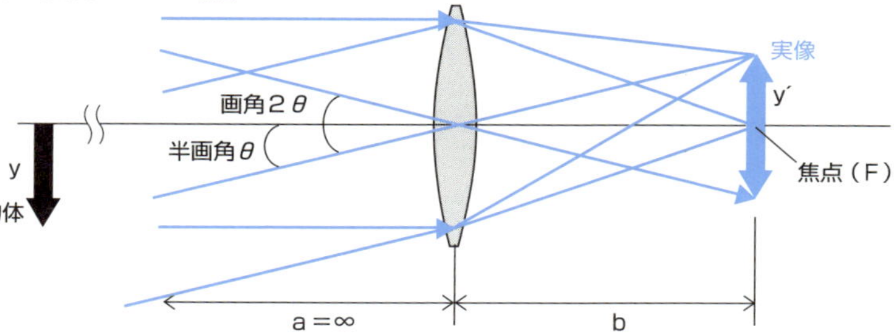

実像
y′
画角２θ
半画角θ
y
物体
焦点（F）
a ＝∞
b

倍率（m）＝ b ／ a（＝∞）＝ 0 ➔ 像の大きさ（y′）が計算できません　…式❷

物体位置が遠方にあるときには、入射光が平行光となり、焦点位置に光が収束し、像は焦点位置にできます。この場合には、像の大きさは画角θを用いて式❸で求めます。

像の大きさ（y′）＝ f ・ t a n θ　…式❸

画面のサイズと撮影できる範囲

画面のサイズ

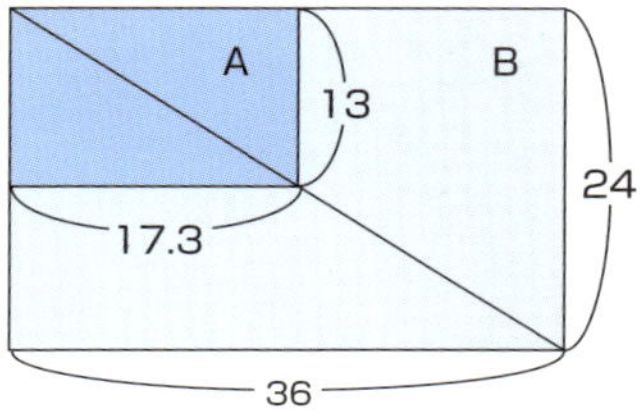

A
B
13
24
17.3
36

A：フォーサイズシステム
（デジタル１眼レフカメラによく使われているサイズ）
対角線の長さ＝21.6mm
B：35mmフィルムのサイズ
対角線の長さ＝43.3mm

撮影される範囲を示す画角と標準レンズの焦点距離

（1）フォーサイズシステムの撮像素子の場合の標準画角

眼で注視できる範囲は約50°であるので、半画角(θ)=25°
撮像素子の対角線の半分(y′)=21.6／2 = 10.8

10.8 = f・tan(25°)
∴　f ≒ 23 mm

従って、この場合の標準レンズの焦点距離は、25mm前後となります。

（2）35mmフィルムの場合の標準画角

眼で注視できる範囲は約50°であるので、半画角(θ)=25°
撮像素子の対角線の半分(y′)43.3／2 = 21.65

21.65 = f・tan(25°)
∴　f ≒ 46.4 mm

従って、フィルム式カメラの標準レンズの焦点距離は、50mm前後となっています。

42 光量を調整する

人間の眼は眩しいとき、瞳孔の大きさを調節して網膜に入る光の量を調節する「虹彩」という絞りがあります。レンズを用いて像を記録する場合にも、光量を調整する必要があります。この役割を果たす絞りを「開口絞り」といいます。絞りの大きさを連続的に変えるために、複数の羽を組み合わせて作られています。この絞りを絞るとレンズ内を通過する光の量が制約されます。この絞りの内径を有効径（D）とすると、Dが小さくなると40で見てきたFナンバー（f／D）の値が大きくなり暗くなることがわかります。

カメラのレンズを外して前から覗くと円形の明るい部分が見えます。レンズの絞りを動かすとこの円形の大きさが変わります。この明るい円形の絞りを「入射瞳」といいます。同様に、レンズを撮像素子側から見た絞り像を「射出瞳」といいます。開口絞りは通常、光学系の内部に置かれます。したがって、これらの瞳像の位置は、目と絞りの間にあるレンズによってできた虚像になるので、実際に絞りのある位置とは異なることになります。

レンズによって像が作られる場合、光軸外の一点から出た光がレンズ内の開口絞りの内側を通り像の一点に集まります。この開口絞りの中心を通過する光線を「主光線」といい、像を作る光線の基準とされます。この主光線を利用して球面収差、非点収差、像面湾曲などの5収差の検討を行います。開口絞りの中心を通る主光線と光軸がなす角（θ）と入射瞳の半径（R）は影響の程度は異なりますが、収差に影響を及ぼします。入射／射出瞳と開口絞りの関係の図で見るように、開口絞りの大きさは光量を調整する以外に、像へも大きな影響を及ぼします。基本的には、開口絞りを絞るほうが収差が減り像は良くなりますが、像の明るさは暗くなってしまいます。近年は、カメラの撮像素子の感度が上がってきたので、開口絞りをそれほど大きくしなくても済むようになってきました。

要点BOX
- 「開口絞り」、「入射瞳」、「射出瞳」
- 開口絞りの中心を通る「主光線」
- 開口絞りは、ザイデルの5収差へも影響

眼の構造と対応する光学系

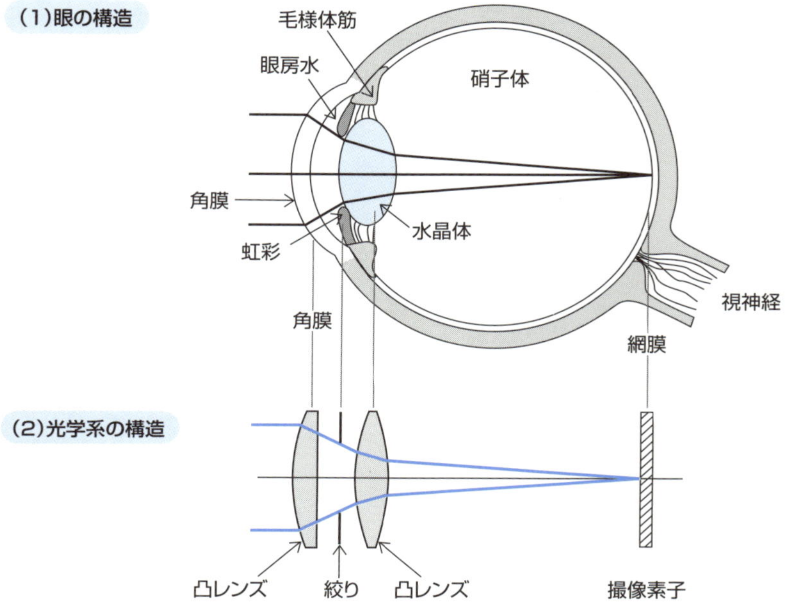
(1)眼の構造
毛様体筋
眼房水
硝子体
角膜
虹彩
水晶体
視神経
角膜
網膜
(2)光学系の構造
凸レンズ
絞り
凸レンズ
撮像素子

入射／射出瞳と開口絞りの関係

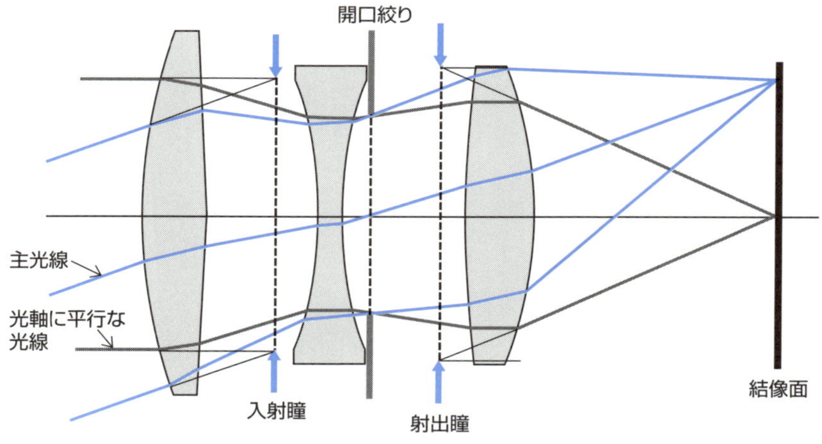
開口絞り
主光線
光軸に平行な
光線
入射瞳
射出瞳
結像面

像面に到達する光束は、開口絞りにより制限されます。図は、像面に達する入射光束の範囲を示します。

43 像の良し悪し（再現性）

像のコントラストの評価

レンズによってできた像の良し悪しを評価する方法の一つにコントラストによる評価方法があります。その代表的な方法にMTFがあります。像のコントラストは、像を作る元になる物体の細かさにより変わってきます。これを表すものがMTF曲線です。MTFとは光学系の伝達関数（Modulated Transfer Function）のことで、もともとは電気系の回路などで使われているものです。増幅回路はいろいろな周波数の入力に対して、増幅後に歪みなく忠実に再現できているかを調べるものとして使われています。光学系の場合にも、対象となる物体は小さなものから大きなものまで、また、細かいものから粗いものまでが対象となります。そのときにこれらが像として忠実に再現できるかが重要となります。そこでいろいろな荒さの明暗の模様に対して、レンズによりできた像のコントラストがどのように変化しているかを評価してグラフにしたものが、MTF曲線です。

その表し方にはいろいろありますが、一例を図に示します。交換レンズのカタログなどには、そのレンズの性能の一つを表すものとして、このMFT曲線が記載されているものがあります。

MTF曲線の図中の閾値とは、撮像素子やフィルムで解像できなくなるコントラスト値のことです。この閾値までコントラストが落ちたときの物体の細かさがそのレンズの解像力となります。図のMTF曲線の比較において、レンズAは粗い物体を撮影するときには、レンズBよりも高いコントラストの像が得られますが、撮影する物体が細かくなると逆にレンズBの方が高いコントラストの像が得られ、限界の解像力も高いレンズとなっていることがこのグラフからわかります。なお、使われる目的によって最適なレンズ性能が異なります。ただし、MTF曲線はレンズ性能を表す一つの指標（像のコントラストの指標）で、これで全てのレンズ性能を表しているのではありません。

要点BOX
- 物体のコントラストをどの程度再現できるかを見るMTF曲線
- 物体が細かくなるとコントラストは低下する

レンズによりできる像の様子

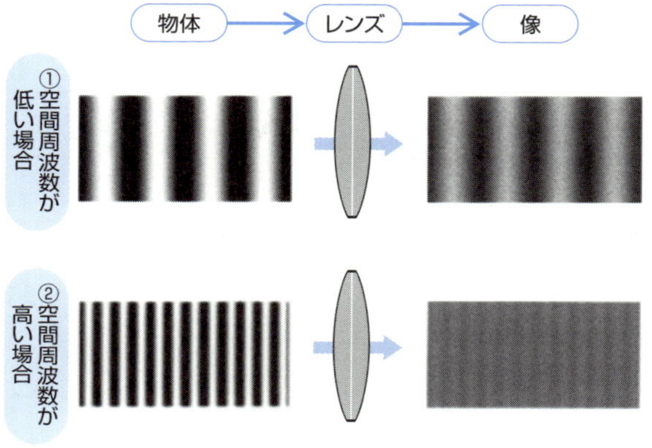
物体
レンズ
像
①空間周波数が低い場合
②空間周波数が高い場合

コントラスト図

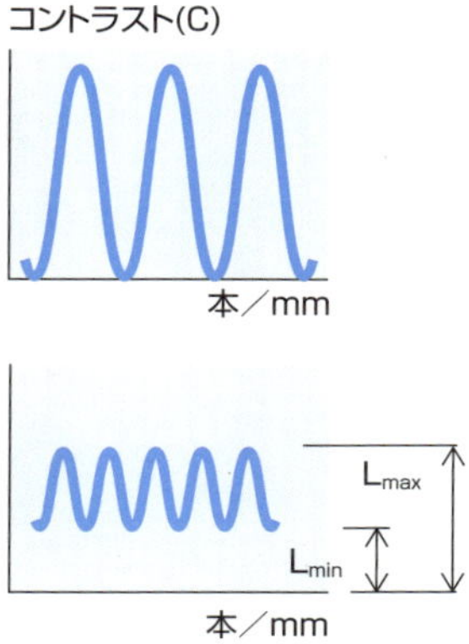
コントラスト(C)
本／mm
Lmax
Lmin
本／mm

コントラスト図の縦軸はコントラスト値(C)、横軸は、物体の細かさで、1mmの間に何本の黒線があるかで表す値です。

コントラストを表す式

$$C = \frac{L_{max} - L_{min}}{L_{max} + L_{min}}$$

2つのレンズのMTF曲線の比較

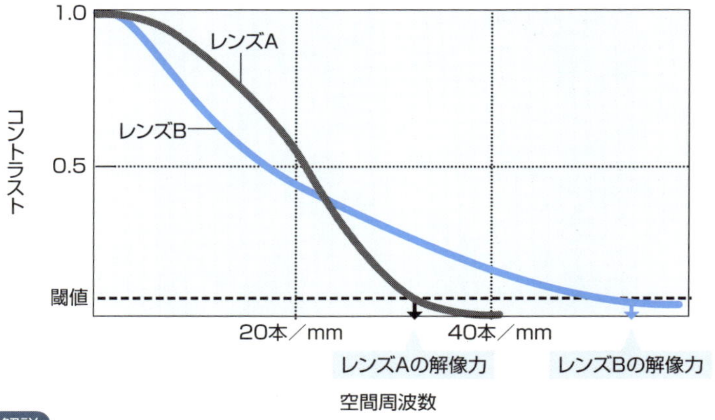
1.0
0.5
閾値
コントラスト
レンズA
レンズB
20本／mm
40本／mm
レンズAの解像力
レンズBの解像力
空間周波数

用語解説

空間周波数：光学系における像のコントラストは物体の明暗の縞模様で計測する。縞が細かくなると像のコントラストは低下する。1mmの間にある縞の本数を空間周波数という

Column

レンズでできる「虚像」って？

凸レンズでは、少し離れたところの物体について、物体とは反対側に像を作ります。像のできるところに白い紙を置くと紙面上に物体の像を見ることができます。このような像を「実像」といいます。実像は触ることはできませんが、できた像に定規を当てて大きさを測ったり、物体の細部を拡大して見たり、撮像素子を使い記録することができます。

物体をレンズに近づけると像はなくなります。紙をどこに置いても像は紙面上に現れません。しかし、レンズに眼を近づけて覗き込むと物体の拡大像を見ることができます。このように、像ができる場所に紙を置いても物体は紙面上に映らないのに、レンズを通して物体側に直接目で見ることができる像を「虚像」といいます。

拡大された虚像を観察するルーペの例を考えてみましょう。ルーペで小さなものを見るとき、まず物体の近くにルーペを近づけてから、ルーペの位置を調整してピントを合わせていると思います。このとき私たちはルーペと物体の距離を焦点距離の内側に置いて観察しています。

ピントが合った状態のとき、物体の一点から出てくるいくつかの光の光路を逆に伸ばすと、物体の後ろ側のところで光が一点に集まっていることがわかります。この点の場所に私たちの眼にはルーペで拡大された像が見えます。この点が虚像が結像している場所です。私たちの目には、レンズを通して本当に物体がある場所とは異なる場所、この虚像ができている一点から物体の光が来ていて、あたかもそこに物体があるかのように思えます（27参照）。

しかし、虚像の場所にスクリーンを置いても像を見ることができない、いわばそこに像はないはずなのに、なぜ私たちは虚像を見ることができるのでしょうか。

実は虚像の光は私たちの目の中に入り、眼の中の水晶体というレンズを使って、スクリーンにあたる網膜に像を作っています。そして網膜上にある人間の視細胞により、網膜上にできた像を脳に信号として送ることで人は物体の拡大像を認識しているのです。

レンズで拡大像としての虚像を作り、目で見るというルーペの機能は、顕微鏡や望遠鏡といった小さいものや遠くにあるものを大きくして見る装置には欠かせません。

第6章

レンズの設計方法

44 レンズの企画開発

使用目的によって求められる機能は異なる

レンズの商品開発の方法については様々なスタイルが存在します。どのような方法が一番良いかについては、明確な答えはありません。そのようなものが存在するなら、すべての企業は同じスタイルでの開発となるはずですが、そうではありません。一例として図のようなレンズ開発のステップで説明します。

「企画段階」で、次期新製品のレンズ開発の目的を明確に定めます。これは、製品の位置づけに基づいた市場調査の結果や製品のトレンド、メーカーとしての新技術の提案などをもとに構築します。

「設計段階」において、近年の交換レンズには標準としてAF機構が内蔵されているため、レンズ開発と一言にいっても、レンズ設計、機械設計、電気設計、システム設計など、関係する様々な担当者が共同で開発作業に参画しています。一時代前なら交換レンズにはせいぜい絞りが入っているくらいで、レンズ設計者が中心で開発が進められてきましたが、今では光学、電気、ソフト、機械開発の担当者が同時進行的に、絶えず情報を共有しながら作業を始めます。レンズ開発については、例えばAFのレスポンス向上のために要求されるレンズ条件なども考慮しながら開発を進めることになります。

「製造評価段階」では、完成したレンズ情報をもとに製造上問題になるレンズはないかなどレンズ評価が行われます。例えば、曲率が小さすぎて加工するときに一度に多数枚の研磨ができないようでは生産コストが目標値に入らなくなってしまいます。このようなことがないようなレンズ設計になっているかをチェックすることになります。また、柔らかい硝材（しょうざい）を使ったレンズは、加工上手間がかかるなどといった点も考慮しなくてはなりません。

「生産段階」では量産試作などを行って問題点を洗い出し、対策を確定した後に本格的な量産工程へとようやく進めていくことができます。

要点BOX

- ●レンズ設計は様々な機能、技術から構成されているため、共同作業で進められる
- ●機能だけでなく製造コストなどの点も検討

レンズの開発のフロー

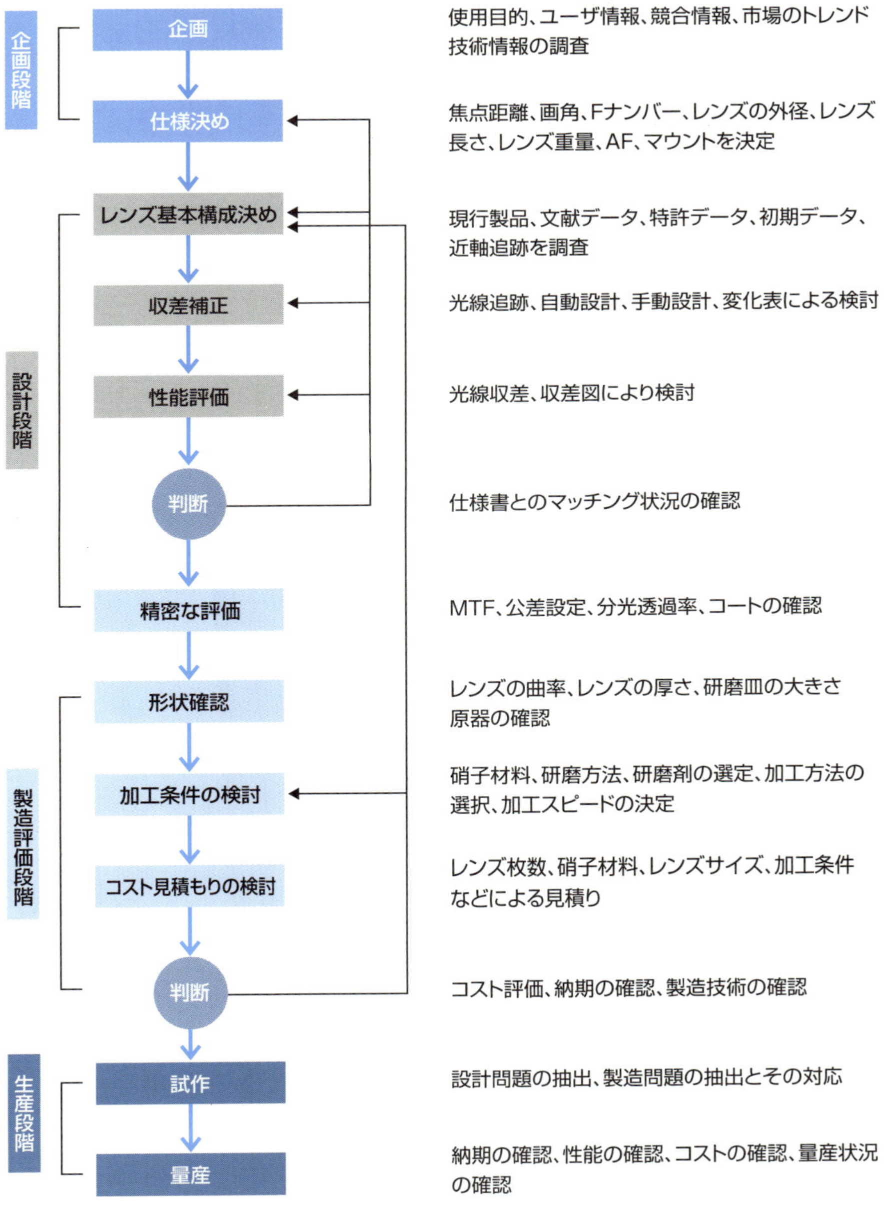
企画段階
企画
使用目的、ユーザ情報、競合情報、市場のトレンド
技術情報の調査
仕様決め
焦点距離、画角、Fナンバー、レンズの外径、レンズ
長さ、レンズ重量、AF、マウントを決定
設計段階
レンズ基本構成決め
現行製品、文献データ、特許データ、初期データ、
近軸追跡を調査
収差補正
光線追跡、自動設計、手動設計、変化表による検討
性能評価
光線収差、収差図により検討
判断
仕様書とのマッチング状況の確認
精密な評価
MTF、公差設定、分光透過率、コートの確認
製造評価段階
形状確認
レンズの曲率、レンズの厚さ、研磨皿の大きさ
原器の確認
加工条件の検討
硝子材料、研磨方法、研磨剤の選定、加工方法の
選択、加工スピードの決定
コスト見積もりの検討
レンズ枚数、硝子材料、レンズサイズ、加工条件
などによる見積り
判断
コスト評価、納期の確認、製造技術の確認
生産段階
試作
設計問題の抽出、製造問題の抽出とその対応
量産
納期の確認、性能の確認、コストの確認、量産状況
の確認

45 レンズ設計①基本構成決め

文献や過去のレンズ構成をもとに基本構成とする

企画段階で決まったレンズを設計するにあたり、これまでに開発された社内の既存レンズ構成や過去の文献に取り上げられているレンズ構成や特許にあがっているレンズ構成などを調べます。そして、それらのレンズ面の曲率やレンズ間隔、硝材といったレンズデータと、レンズ性能である収差状況を把握するための各種の収差図を検討します。その上で、目標とするレンズによりふさわしいレンズ構成を選択し、開発の最初の基礎データとします。

調査して得たそれぞれのレンズデータと性能には必ず一長一短があります。当時は量産されていたレンズでも、現在ではそのまま使用できない場合が大多数です。昔はレンズによりできた像は一般的にはフィルムに記録しましたが、現在では撮像素子上にそれを行います。記録する撮像素子の大きさやその感度もフィルムとは大きく変わってきています。したがって、要求されるレンズの性能が全く異なってきます。そこで、選択した基礎レンズ構成をもとにして、レンズのパラメータを変えて希望するレンズ性能に近づけていく作業へと入っていきます。同時に特許に公開されているレンズ構成については、それを回避する対策もあわせてとることになります。

基礎データを修正していく上で考慮する事項として、レンズ性能のほかに交換レンズの重さやサイズ、さらにはオートフォーカスで動かすレンズの大きさや重量といった点も近年要求される重要なポイントとなっています。コンパクトカメラでは全体としてより小型化が要求されており、ミラーレスカメラは一眼レフカメラレンズより小型化が必要とされ、これらの条件を満たしうる基本レンズ構成を選択することになります。もちろんピッタリのものはないので、レンズデータを修正していき、合わせこめる可能性のある構成を抽出していくことになり、ここで設計者の経験や勘といったものが必要とされます。

要点BOX
- ●レンズ基本構成は過去のレンズから選択する
- ●基本構成を修正して要求仕様にいかに合わせこめるかにレンズ設計者の経験が生きる

標準レンズの例

基本となるレンズ構成を参考にしながら、目的とする仕様を満たすように、レンズの曲率やレンズ間隔、硝子材料の選定などを通じて収差を調整しながら完成を目指します。焦点距離、Fナンバー、各種収差の情報など、様々なレンズ構成が既に発表されているのでそれらを参考にしながら独自のレンズを開発していきます。

(1)ガウス型レンズの発展改良の例(①～④)

①ガウスの基本形(1888年に特許を取得した型)

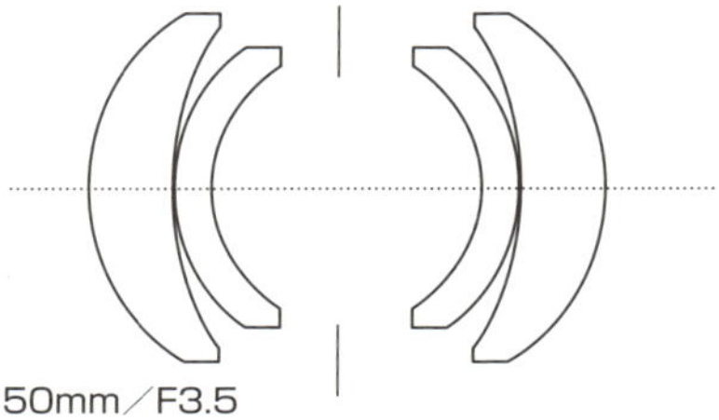

50mm／F3.5

②ガウス接合型(色収差補正)

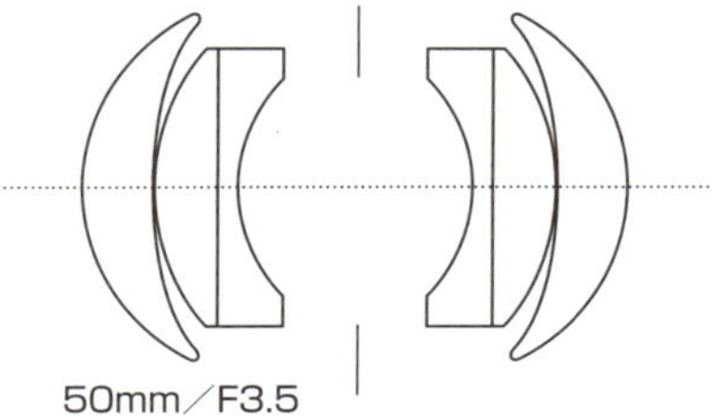

50mm／F3.5

③ガウス改良型(前群分離)

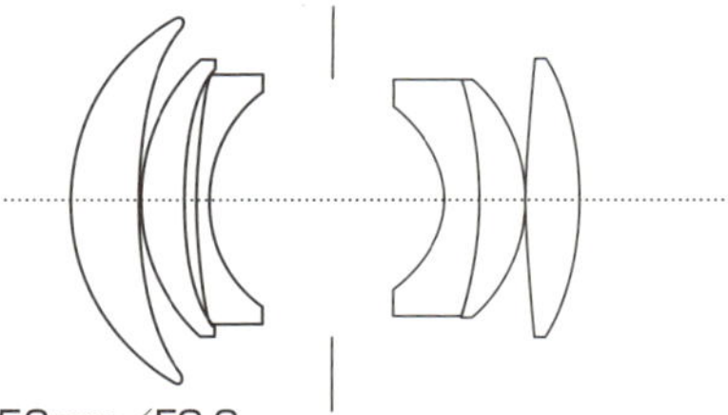

50mm／F2.0

④ガウス発展型(後玉分割分離)

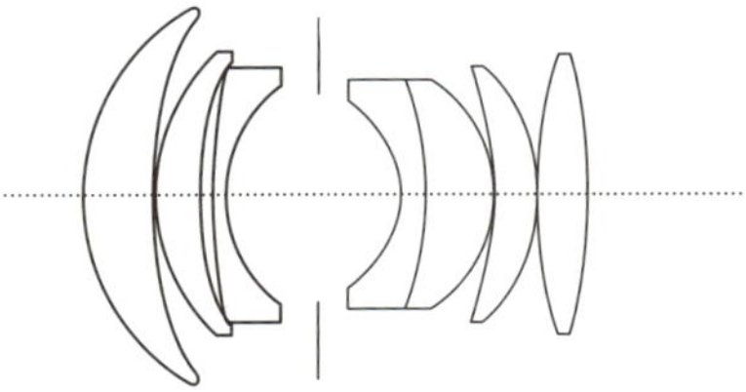

50mm／F1.4

(2)広角レンズの例

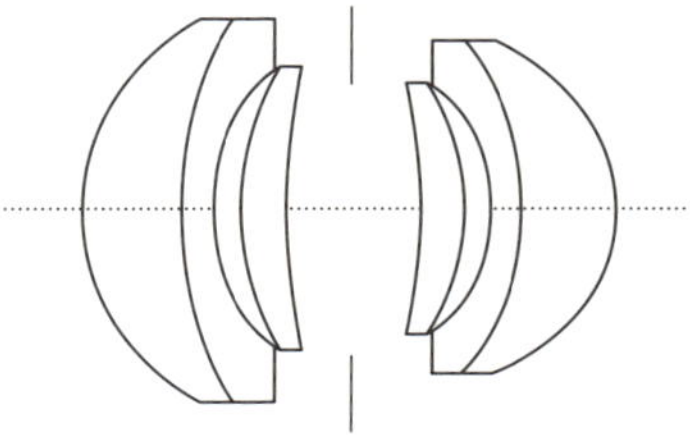

28mm／F3.5

(3)望遠レンズの例

200mm／F4

46 レンズ設計②収差補正の実施

選択されたレンズ構成をもとにして、目標とするレンズデータやレンズ性能に合わせこむ作業に入ります。具体的にはレンズの曲率や厚さ、レンズ間隔などを修正します。変化後の収差計算を行い、目標値に入ったかどうかを確認していきます。

最初は、スケーリングという手法で、基本構成となったレンズの焦点距離を、新しく開発するレンズの焦点距離に合わせます。具体的には基本構成のレンズの曲率や厚さ、瞳径を新しい焦点距離に応じた比率で変えていきます。ただし、レンズの硝材である屈折率や波長による屈折率の違いを表す分散の値はそのまま変えません。

次に、各面の曲率や厚さ等を一定の割合で変えたとき、それぞれの収差量がどのように変化するか計算して明らかにします。その変化量を「変化表」と呼ばれる表にまとめておきます。変化表をもとにして修正したレンズ構成を決めて、光線追跡を行います。

光線追跡とは、最初のレンズ面にある高さとある角度で入射した光がどのような軌跡を描いて像面に到達するかを計算して求めたものです。その結果を図にしたものが収差図となります。こうしてできた収差図をもとにして、再度レンズのパラメータを変更します。これを繰り返していきます。

レンズ設計の自動化の一つとして、数多くの収差量が1つの「メリット関数」という指標に置き換えられています。このメリット関数が最小となるまで、多くのパラメータを自動的に変えて光線追跡を繰り返し行わせるコンピュータ・プログラムを使ってレンズ開発を行っています。ただし、このプログラムにかければ希望とするレンズができるというわけではありません。当然、解が出ない場合もあります。また、短時間で収束させたり、パラメータの変化量を指定するときなど、まだまだレンズ設計者の経験や勘などが重要な役割を果たしています。

要点BOX
- 各パラメータを一定量変化させたときの収差の変化量を表にした「変化表」
- 「メリット関数」による自動設計プログラム

収差補正のプロセス

(1)既存のレンズの組み合わせから目標に近いものを選ぶ

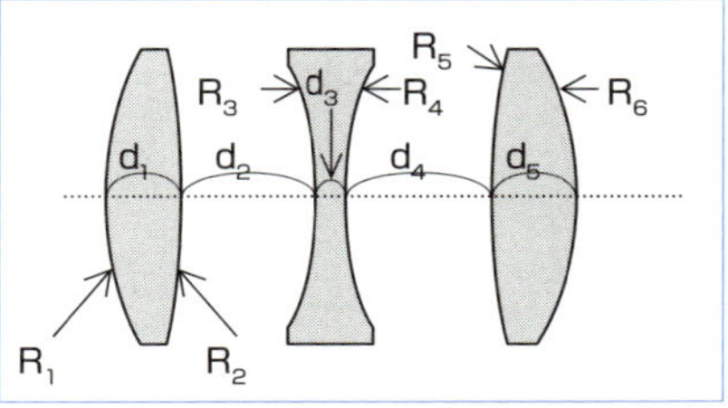
R5
R3
d3
R4
R6
d1
d2
d4
d5
R1
R2

レンズから発生する収差を、レンズの曲率や間隔などを少しずつ変えて目標とする収差値に合わせ込む作業を行います。

(2)基準のレンズ構成をスケーリングしてどのように収差補正をすればよいか検討する

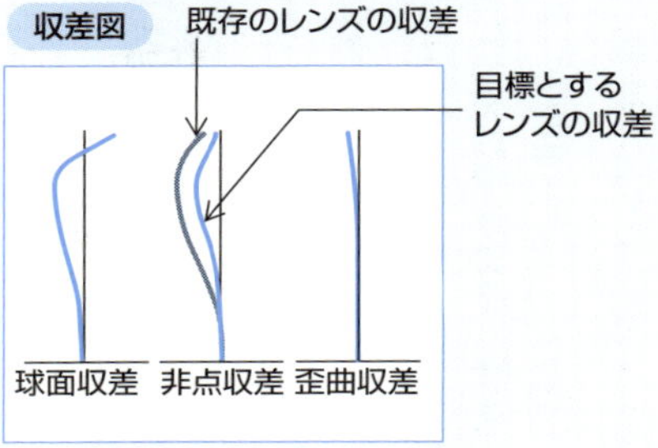
収差図
既存のレンズの収差
目標とするレンズの収差
球面収差
非点収差
歪曲収差

変化表

	初期状態	焦点距離	球面収差	非点収差	歪曲収差	
		51.6	0.6	0.5	0.3	
レンズの曲面のカーブ	R_1 22	−0.05	−0.008	−0.006	−0.001	·
	R_2 −300	0.04	0.023	0.004	0.008	·
	R_3 −23	−0.04	·	·	·	·
	R_4 22	·	·	·	·	·
	R_5 123	·	·	·	·	·
	R_6 −19					
距離	d_1 3.5					
	d_2 5.5					
	d_3 0.7					
	d_4 1.5					
	d_5 6.5					

それぞれの曲率や間隔を少し変更すると、各収差量が＋や－に変化します。この量を判断材料の1つとして、少しずつ目的の収差量になるように近付けていきます。

変化表から基準のレンズを距離や角度を変更すると収差がどのように変化するかを調べ、目標とする収差に近づけるにはどうすればよいかを検討します。

曲率半径を0.00001大きくしたときの収差の変化量および間隔を0.05広げた時の収差の変化量の表

(3)(2)をもとに収差補正を行い目標値に合わせこむ

収差図を見ながら、変化表を参考に①～③のようにレンズを変更して、収差を目標値に近付けます。

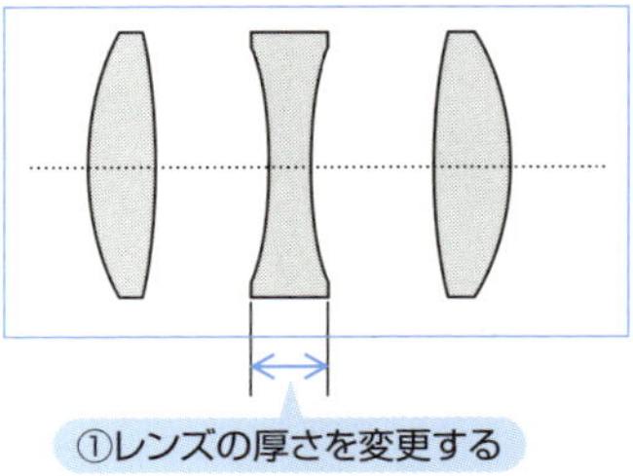
①レンズの厚さを変更する

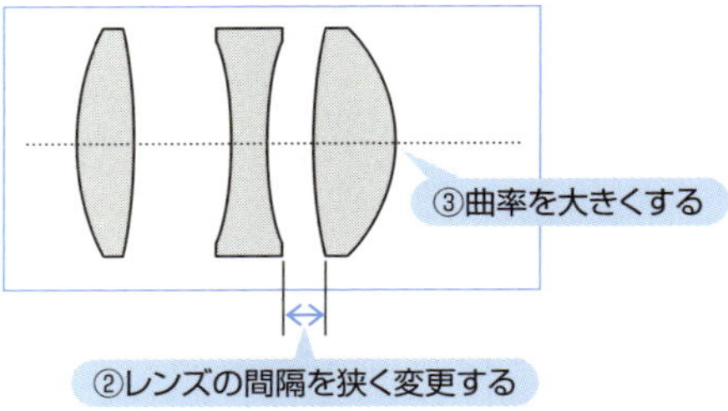
③曲率を大きくする
②レンズの間隔を狭く変更する

47 レンズ設計③ 性能評価の実施

性能の事前評価方法

収差補正を行うときにもメリット関数などにより収束状況を把握しながら自動計算を行いますが、同時にレンズによって作られる像の評価も行っています。

光線追跡による光線の収束状態から得られる「スポットダイアグラム」などを見て、レンズ性能を推測していきます。その後、一応目標とする各収差の補正が完了し、各レンズのパラメータが決定されると、いよいよ詳細なレンズ性能の評価計算を行うため、自動計算により算出された「球面収差図」「非点収差図」などの収差図や、光線追跡により得られる点像の強度分布図である「スポットダイアグラム」や「波面収差図」を確認します。さらには、スポットダイアグラムから得られる詳細な「MTF曲線図」を求めて、実際にレンズを製造したときの性能の推定を行います。このMTF曲線からは、撮影する物体の粗さに応じて変わる「解像力」が推定できます。

近年では、完成したレンズパラメータから実際にそのレンズを作って撮影して得られるであろう像を、製造前に画像シミュレータによりPCの画面上で見ることができるようになりました。例えば、格子状の模様を撮影したときに得られる像が、樽型や糸巻き型になっているか等の「歪曲収差」の状況が、一目で確認することができます。また、雨粒状の物体を撮影したときの像を見て像面の中心部と周辺部で、その雨粒がどの程度はっきりとした像になっているかを表す「像面湾曲」や「コマ収差」、「球面収差」、「色収差」などを事前に見ることができます。

スポットダイアグラムなど事前のレンズ性能の評価には、「瞳の分割数」×「画角数」×「入射高数」×「入射角数」×「波長の数」などの多数の光線がそれぞれのレンズ面で屈折を繰り返して、像面に到達する状況の膨大な計算が必要になります。手計算ではとても計算できませんでしたがコンピュータの進歩で可能となりました。

要点BOX
- ●レンズパラメータによる各収差図、スポットダイアグラム、MTF曲線図などによる評価
- ●シミュレーションによる撮影像の事前把握

二次現像シミュレーション

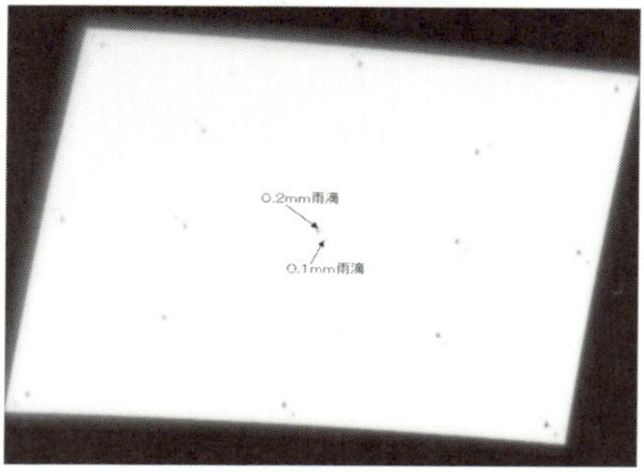
0.2mm雨滴
0.1mm雨滴

実際に、できる像の状況をシミュレーションで把握します。

歪曲収差シミュレーション

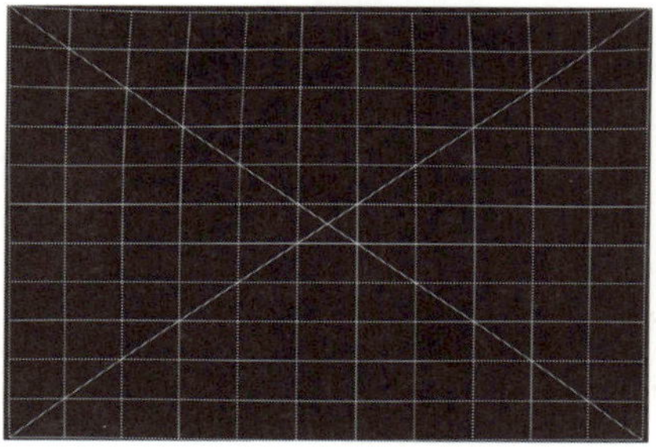

実際にレンズを作成して格子状の物体を撮影した時に写る像の形状をシミュレーションした画像です。

スポットダイアグラム

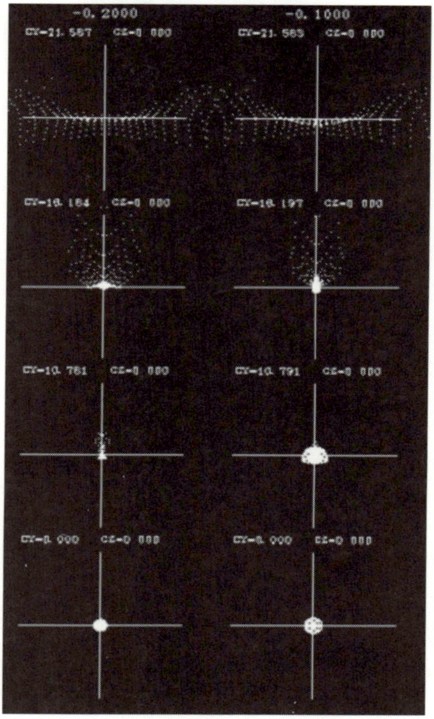
-0. 2000
-0. 1000

スポットの集まり方や散らばり方を直接確認することができ、像の強度分布を想定することが容易になります。大変よく利用されています。

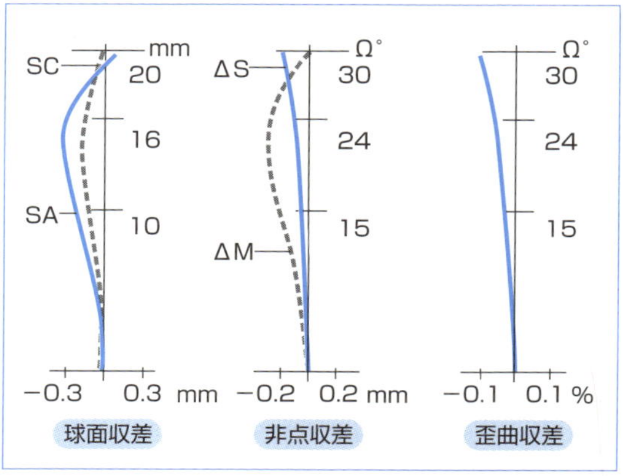
SC
SA
mm
20
16
10
−0.3
0.3
mm
球面収差
ΔS
ΔM
Ω°
30
24
15
−0.2
0.2
mm
非点収差
Ω°
30
24
15
−0.1
0.1
%
歪曲収差

収差図の表示例

縦収差に関する球面収差と非点収差、歪曲収差で画角に対する像の評価を見直すことができます。全体としての収差状況を一目で俯瞰して予測しやすくなります。

（注）
SC：不満定量
SA：球面収差
ΔS：サジタル面の収差
ΔM：メリジオナル面の収差

48 製造評価段階

問題点に対する事前対策の検討

レンズ開発の最終段階として、新しいレンズの各種のパラメータ（レンズ面の曲率、レンズの厚さ、レンズの外径、硝材、レンズ間隔、レンズのはり合わせ状況）が決まると、次はそれらを製造することになります。場合によっては、試作段階を踏んでから量産への移行となりますが、そこでまず、実際にレンズを製造するときに発生する問題点の事前の評価が必要になります。レンズの各面の曲率があまり小さいとレンズを製造する段階で、研磨皿に貼り付けるレンズ枚数が限られてきます。そうすると一回の研磨で生産できるレンズ枚数が少なくなるため一枚当たりの生産コストが上がってしまうことになります。また、レンズの曲率がこれまで生産されているレンズの曲率と同じであれば「研磨皿」や「レンズを貼付ける皿」、またレンズの曲率を測定する「原器」と呼ばれる工具は、これまでと同じものを使用できますが、少しでも違えば新しく作らなければなりません。これらのことは、イニシャルコストの増加につながるので、設計段階で充分に考慮しておかなければなりません。

また、レンズの硝材の問題も注意しておかなければなりません。あまり柔らかい硝材や水で焼けやすい硝材の使用は製造コストを上げる要因となります。さらには、レンズのフチの厚さを意味する「フチ厚」はある程度必要です。また、レンズをはり合わせる接着剤の状況も製造コストに影響します。そしてレンズのパラメータ全てについて、指定される公差（許される製造誤差の範囲）を確認しておく必要があります。

近年レンズ性能の向上のために公差がどんどん厳しくなってきています。曲率などあまり厳しい公差が指定されると従来使用している干渉稿の状況を見て曲率を計測するレンズ「原器」での測定では間に合わなくなり、特別に作られた「干渉計」という計測機での曲率の測定となり、製造時の手間とコストがかかることになります。

要点BOX

- コスト高になる要因の洗い出し
- 要因はレンズ面の曲率、厚さ、硝材、接着剤など。またパラメータの公差など

曲率半径と研磨枚数の比較

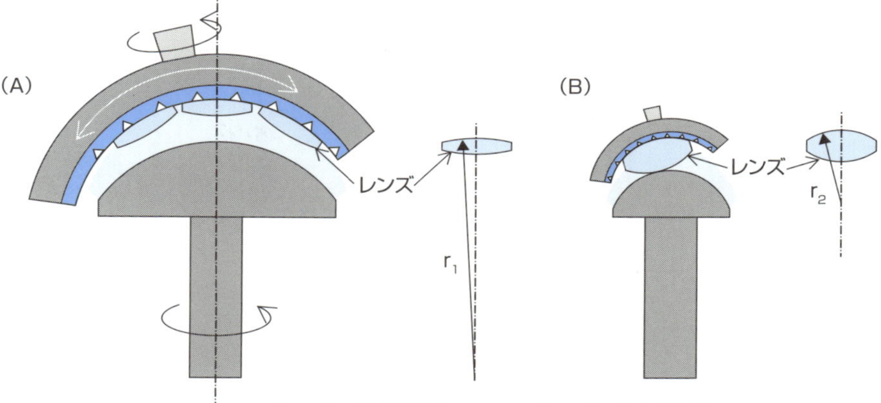

(A)
(B)
レンズ
レンズ
r_1
r_2

レンズの曲率半径大　$r_2 < r_1$　レンズの曲率半径小
研磨枚数(B)<研磨枚数(A)

研磨に必要な治具や工具

①研磨皿　②治具　③曲率を調べる原器

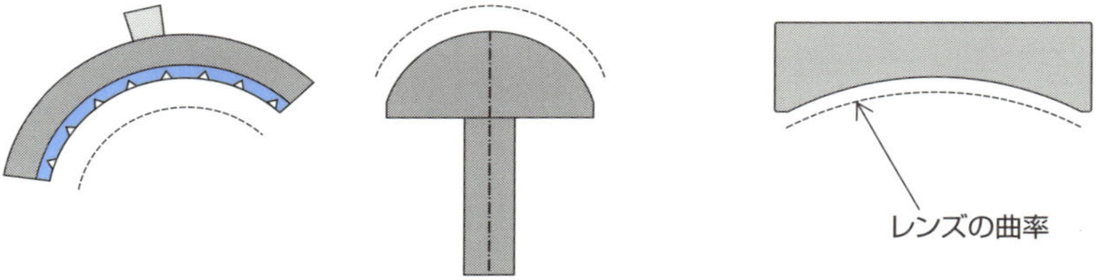

レンズの曲率

レンズを研磨するために作るレンズの曲率と研磨皿、治具のカーブが同じである必要があります。

研磨するレンズが希望の曲率になったかどうかをチェックするためにレンズと同じ曲率を持ったガラス製の工具が必要です。

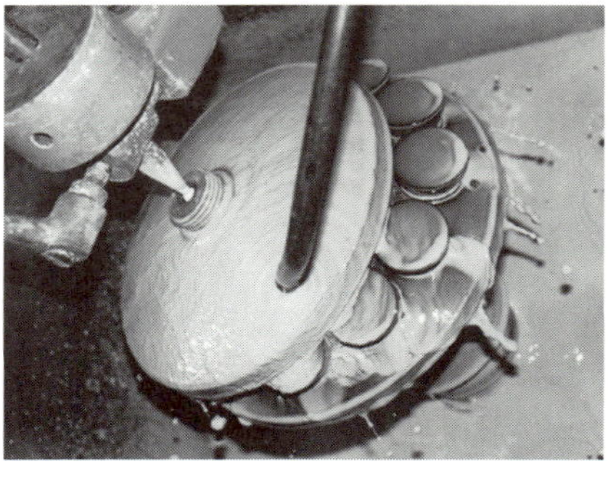

◀貼り付けたレンズを研磨皿により研磨している様子

◀原器

49 技術の進歩とレンズ設計

記録方式はフィルムから撮像素子を用いたデジタル記録へ

カメラはここ10年ほどで大きいイノベーションがありました。それは像を記録する方法に関するもので、従来はフィルムに記録するものがほとんどでしたが、近年は撮像素子上に像を記録し、半導体メモリーに像を記録するようになり、アナログ記録からデジタル記録へ大きく変貌しました。これに伴い、レンズ設計についても、変更が行われました。

従来の35ミリフィルムでは、24×36ミリの画角で考えていましたが、現在は撮像素子の発達が著しく、いろいろなサイズの撮像素子が使われています。これに伴い収差の程度も大きく変わることになるので、それぞれの撮像素子サイズに応じた最適なレンズ設計が必要となります。また、撮像素子の感度も重要な要素となっています。例えば高感度の撮像素子であれば、暗いところでの撮影のとき画像に現れるノイズの程度が大きく低減できるので、レンズ設計上「F値」をあまり大きくしなくてもすむようになってきています。

今後も撮像素子の進歩は続くでしょう。特に、その素子数の増大に伴い像の解像力が上がっていくことになり、レンズ設計に要求される、レンズの持つ解像力の値も上がることになります。そのためレンズ設計も困難になることが想定されます。

また、新しい撮像素子では波長毎に像を作ったり、著しく感度の向上が図られたことで、従来では見えなかったものも新しい撮像素子では像を作ることができ、見えるようになってきています。

一方、コンピュータの発達に伴い光線追跡の点では効率化されています。昔は対数表を用いてソロバンで計算していたので多くの光線を検討できませんでした。しかし現在では、コンピュータの計算能力の向上に伴い多くの光線追跡が可能となり、コンパクトカメラ程度ならノートパソコンでも光学設計が行なえ、レンズを作らなくても実際に撮影した画像をシュミレーションで見ることができるようになりました。

要点BOX
- 記録方式はアナログからデジタルへ
- 撮像素子は、画素数の増大と高感度化。これに伴いレンズ設計に求められる事項も高度に

フィルムの使用（フィルム式カメラの登場）

フィルム式二眼レフカメラ

RICOHFLEX
PROVIA
120

ロール
フィルム

フィルム式一眼レフカメラ

Nikon

35mmフィルム

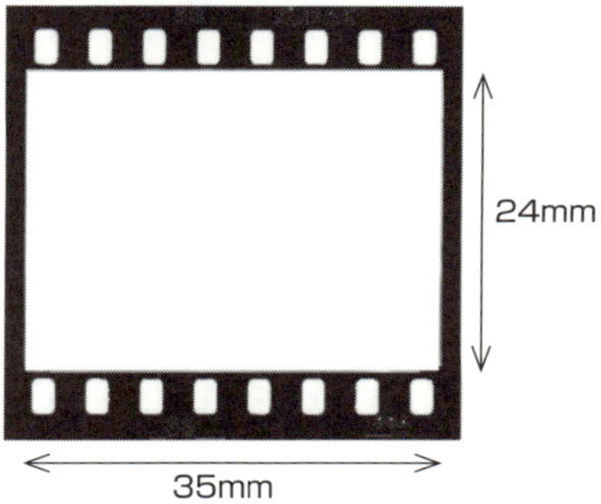
24mm
35mm

デジタルカメラによる撮像素子への記録

Nikon
D800

撮像素子のサイズ

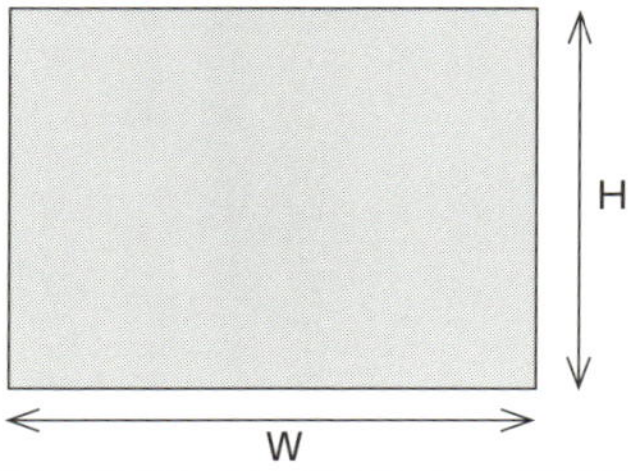
H
W

	W	H
フルサイズ	36	24
APS-C	23.7	15.8
2/3型	8.8	6.6
1/2型	5.4	4.8
1/3型	4.8	3.6

様々なサイズの撮像素子が存在します。なお、同じサイズ名でも機種により多少異なります。

50 収差の発生原因と補正

レンズの組み合わせなど多くのパラメータを検討

球面レンズにおける収差の発生原因は主に二つの事象によるものです。

一つ目は屈折におけるスネルの法則によるもので、レンズ面で発生する屈折角度がsin関数に依存しています。さらにレンズ面は球面になっているので、光軸からの入射高さによりその球面の法線の角度も異なります。これらによりレンズに平行に入った光線は光軸上の一点には集まりません。詳細にこれを検討してみると、出射光線が光軸と交わるレンズ面からの距離は、入射高さの関数になっていることがわかります。したがって、レンズに入る光の位置により光が集まる場所が変わってしまうことがわかります。

この収差を減らすために、凸レンズや凹レンズ等の様々な形状のレンズを組み合わせますが、全ての収差を完全にゼロにすることはできません。非球面レンズを使用すると、これまで複数枚を使用して減らしていたいくつかの収差を1枚の非球面レンズである程度減らすことができます。しかし、レンズ全体の重量を軽減させることができるというメリットの反面、非球面レンズの製造は現在でも手間がかかることによるコスト高のマイナスの要因になります。

二つ目の収差発生の要因は、光の波長ごとに屈折率が異なることによるものです。この現象を「分散」といい、通常「アッベ数」という値で表されます。このアッベ数は、硝子材料により様々に異なります。硝子材料を選択しやすくするために、屈折率とアッベ数を表にした「光学硝子分類チャート図」があります（21参照）。レンズ設計では収差を減らすために、レンズの凹凸形状の組み合わせ（各面の曲率やレンズの厚さ、レンズの間隔など）、硝材のアッベ数の選択などといった多くのパラメータを選択・組み合わせを行って、総合して収差の低減化を図ります。レンズ枚数が増えることによりこの組み合わせは指数関数的に増えていくことになります。

要点BOX

- 光の集光する位置は、入射高により変わる
- レンズの収差の一部は硝材の分散により発生する
- 屈折率とアッベ数を表にした硝子分類チャート図

入射高が変わると、レンズ曲面の法線の傾きも変わる

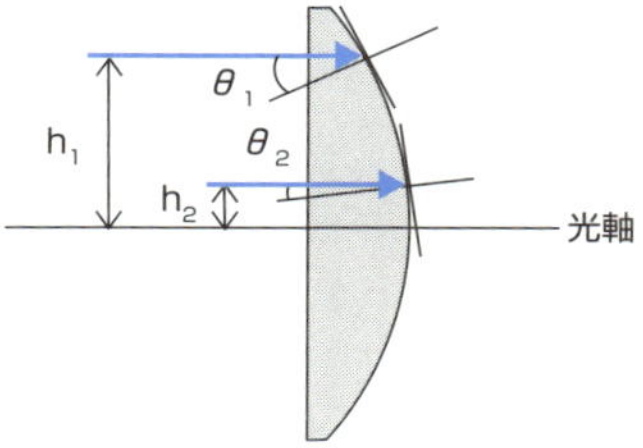
θ1
θ2
h1
h2
光軸

凸レンズでは入射高（h）が高くなると入射角（θ）は大きくなる。

$h_2 < h_1 \rightarrow \theta_2 < \theta_1$

収束位置(d)は入射高(h)により変わる

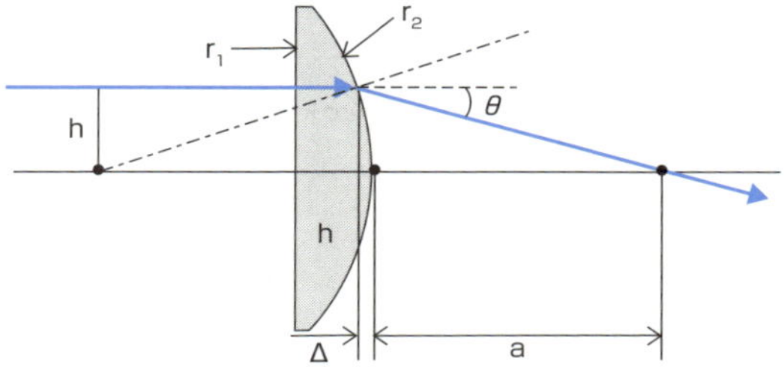
r2
r1
θ
h
h
Δ
a

$$d = -h/\tan(\theta) + \Delta$$
$$= -h/(a\cdot\sin(n\cdot\sin(a\cdot\sin(h/r_2)) - a\cdot\sin(h/r_2))) + (r_2 - r_2\cdot\cos(a\cdot\sin(h/r_2)))$$

屈折角と入射角の関係

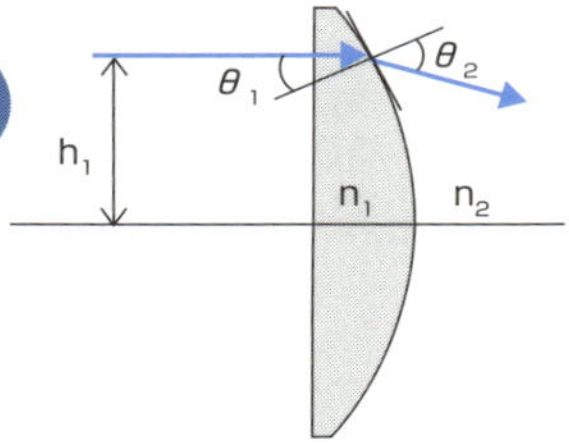
θ2
θ1
h1
n1
n2

スネルの法則より
$n_1 \sin\theta_1 = n_2 \sin\theta_2$

非球面レンズでの収差補正の例

①球面レンズの場合

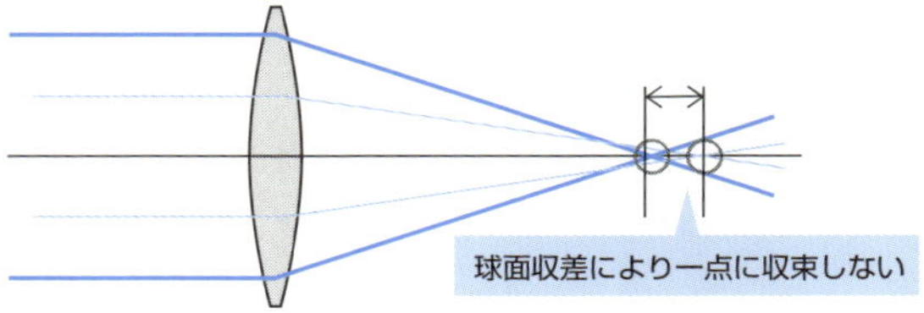
球面収差により一点に収束しない

②非球面レンズの場合

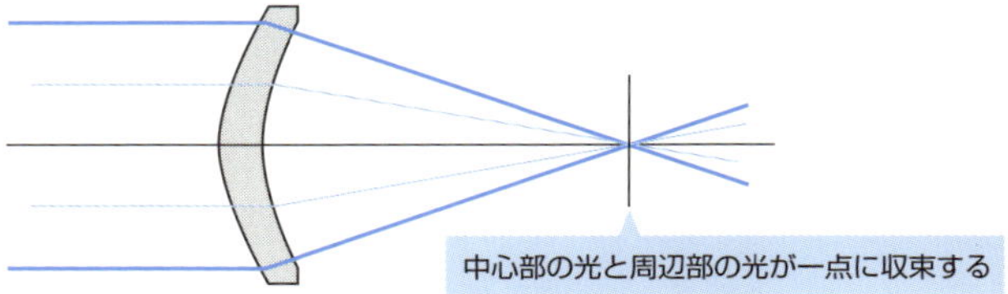
中心部の光と周辺部の光が一点に収束する

ガラスの波長と屈折率

波長が短い光では屈折率がより大きくなるために光の曲がり方が大きくなります。

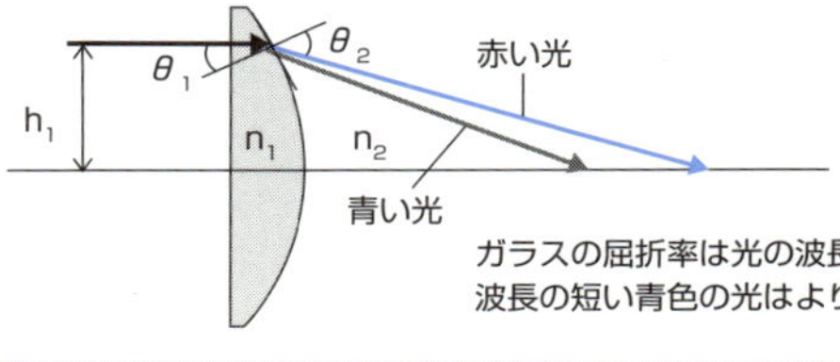
θ2
θ1
赤い光
h1
n1
n2
青い光

ガラスの屈折率は光の波長により変わります。波長の短い青色の光はより手前に収束します。

51 レンズ設計の課題と今後

自動計算アルゴリズムの発見や撮像素子の発展

レンズ収差を調整するためにコンピュータを使用した自動計算において、収束性を判断するための工夫が今後も必要とされます。現在でも、依然として人間が判断を行いながら収差計算を続けていく必要があります。この極めて多数のパラメータを変化させて収束条件を見つけるという「多変数の最適化問題」を解くためのアルゴリズムを見つけることが、自動計算の今後の課題の一つとなっています。

一般的なカメラの交換レンズの収差計算は、数万回に及ぶ計算が必要とされ、長い手間暇がかかっています。かつては人が対数表を使いながら近似計算で光線追跡などを行っていたため、1本の光線追跡を行うだけでも多くの時間を要していました。現在ではこの部分はコンピュータを使用して計算をすることができるようになり、ノートパソコンレベルでも計算は可能です。しかし、現在でも収差の収束条件を見つけるためには、計算結果を確認して、パラメータを変化させて仕様値に合わせるといった試行錯誤の努力が必要になっています。ここで設計者の経験や技術の蓄積によって、設計時間やレンズの性能に差が出ることになります。

別の課題の一つとして、硝材の開発があります。最近の出来事として、環境問題が大きな課題となってきており、これを受けて硝材の中に従来含まれていた鉛や砒(ヒ)素材料が使用できなくなってきました。そこで鉛などを含まない硝材が苦心の末開発されました。この硝材はエコガラスと呼ばれています。また、現在は撮像素子の高解像化が進んでいますが、例えばカーブしている撮像素子ができれば、レンズの像面湾曲収差を軽減できるようになります。さらにレンズの形も球面以外の非球面と呼ばれるレンズや、より複雑な自由曲面を使ったレンズなどが採用され始めています。レンズの加工技術の進歩に合わせたレンズ設計が求められているのです。

要点BOX
- ●多変数の最適化問題の解決が計算アルゴリズムの今後の課題
- ●撮像素子や硝材の改良によるレンズの高性能化

レンズ設計における自動化

① レンズの基本構成を選択する

過去のデータから最適と思われるレンズタイプを選択します。

② レンズの収差を最小にするパラメーターの設定

レンズ収差を単一評価関数に変えて最小となるパラメータの変更を行う

コンピュータによる自動化がされていますが、このアルゴリズムはまだ完璧なものがないため試行錯誤を繰り返しています。

→ 最適なパラメータを求めることができるアルゴリズムの開発は引き続き取り組まれています。

③ 性能評価を行い収差性能を確認する

収差性能が達してなければ、①に戻ります。

非球面レンズ

断面の形状

実際の非球面レンズ

自由曲面レンズ・ミラー

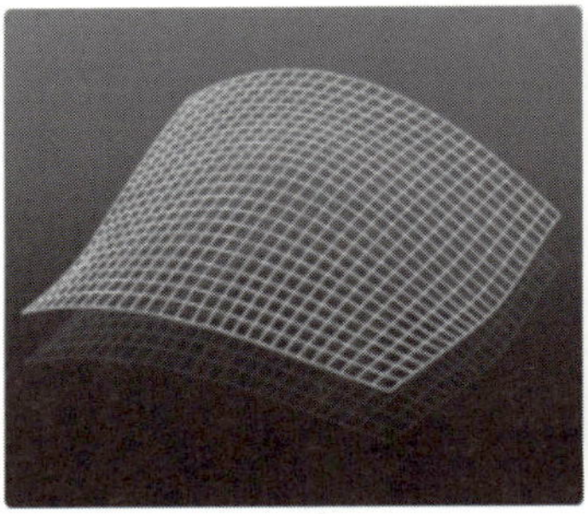

自由曲面の表面イメージ

自由曲面ミラーのイメージ

Column

レンズでできる理想の像とは?

レンズはいくつかの例を除いて、1枚で使われることはあまりありません。レンズを使って作る像を目標とする像にするためです。ではここで理想となる像とはどんな像でしょうか?

目標となる像を作るときの結像状態を「理想結像」といいます。この理想結像に近づけるために、レンズの形をどのようにするか考えるのがレンズ開発です。いろいろな使用目的によりレンズの仕様が変わりますが、それぞれの仕様の中で理想結像に近づける努力が行われています。

では、理想結像とは具体的にどんなものでしょうか?これには三つの条件があげられます。

(1)物体の一点から出た光が光学系を通過した後、全ての像面の一点に集まること

レンズの前側に物体があり、後側に像ができている状態を考えます。物体上の各点からはレンズ側のあらゆる方向に反射光が出ていますが、その中の光のうちレンズに入る光は、レンズのどこに入った光も曲げられてレンズ後方の一箇所に集まります。このことにより、物体の像がレンズ後方にできるのです。しかし実際には微細に像を見るとレンズから出た光は一箇所に集まっておらず、ズレが生じます。写真で像にボケが生じる原因の一つとなってしまいます。

(2)物体が光軸に垂直な平面であるとき、像も平面であること

この条件が満たされていないとき、写真などを見ると中心部はピントが合って見えますが、周辺部がボケたりします。この原因での周辺のボケは、ピントを周辺部に合わせると、今度は中心部にボケが生じます。理想は全画面にピントが合った像を作ることです。

(3)物体と像の形が相似関係になっていること

一般的に碁盤目状の物体の像を作ると中央部が膨らんだ「樽型」の像になったり、中央部が縮んだ「糸巻き型」の像になったりします。しかしこんな風に映ってしまっては困ります。

全体的にボケや歪みが発生しないような理想的な像を作ることを目指しているのですが、現実にはこれがなかなか難しく、どんなレンズも多かれ少なかれできる像は(1)~(3)の条件をすべて満たしたものにはなりません。そこで、レンズの目的に合わせてその程度をバランスがとれるように調整しています。理想結像にいかに近づけるかの努力が長いレンズ開発の歴史にもなっています。

第7章

レンズの製造の流れ

52 レンズの原料ができるまで

調合して作るものから自然界にあるものまで

レンズといえば、きれいに磨かれた透明なガラス（硝子）を思い浮かべると思います。では、レンズの原材料は何なのでしょうか？また、どのようにしてあの透明なレンズが誕生しているのでしょうか？

レンズの材料といってもいろいろあります。メガネレンズのように軽さが要求されるレンズでは、近年プラスチック材料が多用されており、主にアクリルとポリカーボネートが使われています。一方、これらのレンズには柔らかいという弱点もあります。

一般のレンズでは、人工的に作られた硝子材料のほかに、自然界にある透明な材料も多く使われています。このような自然界のレンズに使うことができる材料を総称して「光学結晶」材料と呼びます。光学結晶の一例である水晶などは大変古くから、所定の厚さや曲率に磨いてレンズとして使われてきました。その他、紫外から赤外にかけて光をよく透過する「蛍石」なども利用されています。現在も使われているこの蛍石は現在もレンズ材料としてアッベ数が小さい反面、柔らかいのでレンズを磨くときに傷がつきやすい等、製造上の苦労もあります。

人工的に作られるレンズは、材料を調合して熔解炉で溶かし、所定の大きさにしてから両面を磨いて作られます。これらに使われるレンズの原料としては、珪石、硼酸、酸化ランタン、酸化ガドリニウム、その他の不純物等、狙いとするレンズに合わせて混ぜ合わせることで生産されています。最近までは鉛やヒ素といった有害物質も利用されていましたが、近年は「環境対策光学ガラス」として、これらの物質を使用しないエコガラスでレンズが生産されています。

レンズ材料で重要なことは、（1）透明で透過率が高い（2）内部の屈折率がどこでも同じで均一である（3）屈折率が高い精度で決められた値（1万分の2を保証等）（4）内部に泡やゴミが含まれていないなど、大変厳しい規格に沿って作られています。

要点BOX
- ●プラスチックレンズ材料（アクリル、ポリカ…）
- ●自然界にある光学結晶材料（水晶、蛍石…）
- ●原料を調合して作る光学材料（珪石、硼酸…）

レンズ材料のできるまで

ガラス材料の調合

光学ガラスの主原料(珪石、硼酸、酸化ランタン、酸化ガドリニュウム、酸化ニオブ、酸化ジルコニウム、バリウム、カリウム、その他不純物)などを所定の割合で混ぜます。

原料調合

原料粉末

V型混合機

前熔解

調合したガラス材料を白金るつぼなどで一旦溶解してガラス化し、溶融したガラスを水中に流し込むことでガラス化した微粒子(前熔解品)を作り中間材料とします。

前熔解炉

前熔解材料

混合・配合

ミキサーで前熔解品を均等に混合します。その後、ガラスの種類に応じて、数種類の中間材料を決まった割合で配合します。この配合材料を連続熔解炉などに投入して、ガラスを製造します。

混合・配合

53 レンズの製造工程

目標のレンズの規定に合わせて作る

レンズの製造工程とは、原材料から所定の屈折率を持ち、均一で透明度の高い光学レンズを製造する上で必要な条件を満たした光学材料を製造する工程をいいます。ここでは、原材料を調合してそれらを熔解して作るレンズの製造工程を見ていきます。

レンズ材料の製造には大別して二つの方法があります。その一つは、ある大きさの容量を持った「白金るつぼ」を用いてバッチごとに生産する「白金るつぼ熔解方式」で、これは少量生産に向いています。これに対して、大規模に生産効率を上げるために開発された「連続熔解方式」があります。

どちらの場合も、まずは原材料の調合から始まります。何種類ものパウダー状のガラス（硝子）原材料を所定の配合で混ぜ合わせます。これを「硝子材料の調合」といいます。次にこれをよく撹拌して硝子化するために「前熔解」をして「中間材料」を作ります。その後、所定のガラス材料とするために、いくつかの中間材料を選択してミキサーで充分均等になるように撹拌します。この工程を「混合・配合」といいます。

材料ができた後に、いよいよ熔解が行われます。熔解は、前述したように「るつぼ熔解」または「連続熔解」を目的に応じて選択使用し、レンズ材料を完成させます。

その後、実際に希望した材料となっているかを「検査・測定」します。主な測定項目は、(1)主屈折率(2)波長ごとの屈折率(3)分散曲線の係数(4)化学的性質（耐水性、耐酸性、耐候性等）(5)着色度(6)熱的性質(7)機械的性質(8)内部透過率(9)比重、蛍光度、ソラリゼーション(10)光弾性定数などで、これらは、光学系を設計する上で、重要な要因となっています。これらの値を使用して、レンズの曲率や厚さを決めレンズの収差を見積もることになる大切な値です。これらの値は、光学部品として使う場合は特に厳格な規格が設定されています。

要点BOX

- るつぼ熔解方式、連続熔解方式
- レンズ材料を作るための流れ
- レンズ材料のスペック

連続熔解炉のイメージ

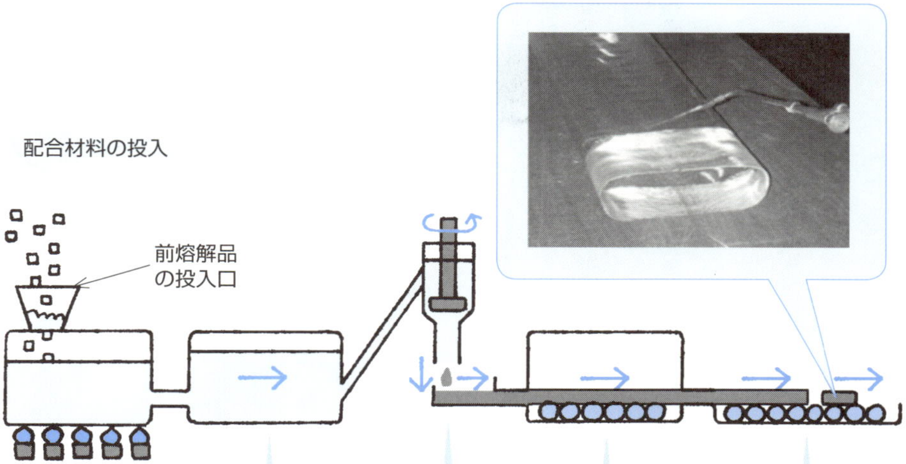
配合材料の投入
前熔解品
の投入口

①熔解炉槽	②清澄槽	③撹拌槽	④徐冷槽	⑤切断
バーナーでガラス材料を溶かす。約1200～1400℃	溶融したガラス中の泡などを抜く。約1000℃	ガラス材料を均一を促進する。	厚さ・幅など規定サイズになった板状のガラスをゆっくりと冷やす。約600℃程度から室温へ。	必要なサイズに切断する。

るつぼ熔解

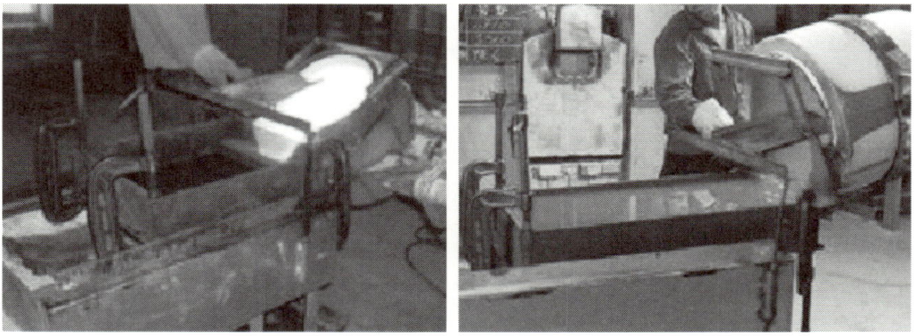

用語解説

バッチ生産：一定量の硝子材料をまとめて1つの「るつぼ」で熔解して型に流し込んで、1回に一定量の硝子を製造する一括処理生産のこと

54 レンズの加工工程

レンズを所定の形状に仕上げる

レンズ製造工程でできたレンズ材料を、必要なレンズサイズに「手切り切断」や「マルチカッター」等で切り出し、さらに重量を調整します。その後、熱を加えて材料を軟化した後に、精密に作られた金型に入れ成形（プレス）して、レンズ形状に成形します。この状態では材料にプレス等による歪みが内在しているので「アニール炉」に入れ加熱して歪みを取り除きます。

次に、丸くなった材料をカーブ・ジェネレータにより決められたレンズの曲率になるよう加工します。この工程を「荒ずり」工程といいます。カーブ・ジェネレータはダイヤモンド砥石がついており、この角度により曲率が決まります。荒ずり工程後のレンズ表面は曇りガラス状になっています。

必要な曲率になったレンズ材料を複数枚、鋳鉄製の1枚の皿に貼り付けて、必要な曲率を持った磨き皿で砂や人工ダイヤモンドの極小の球状物質を入れて磨き求めるレンズ曲率に近い形に仕上げていきます。同時に複数のレンズを加工することができるので効率的に研磨することができます。この工程を「砂かけ（精研削）」工程といいます。

砂かけ工程でほとんど求める曲率のレンズ形状が得られていますが、表面はまだ、曇りガラス状です。そのまま「砂かけ皿」をピッチやポリウレタンを貼った「仕上げ研磨皿」に替えて、酸化セリウムなどの非常に微細な研磨剤で研磨を行います。このときには、数百ナノメートル単位まで目標とする曲率になるようレンズ面を研磨します。これは大変精度の高い加工技術が必要になります。この工程を「研磨」工程と呼びます。

目標の曲率になったかを確認するために、原器を使います。原器を研磨しているレンズに重ねることでニュートンリングを出し、その数や歪みを計測して製造していきます。最後に光軸がレンズ外径の中心になるように外径を削る芯取り工程があります。

要点BOX

- 「プレス」→「荒ずり」→「研削」→「研磨」
- 目標の曲率にするために精度の高い加工技術
- 曲率、歪み、厚さなどを原器を使ってチェック

荒ずり

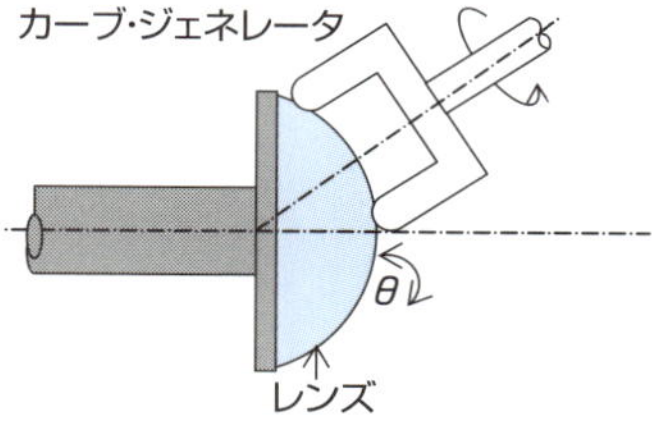
カーブ·ジェネレータ
θ
レンズ

カップ状のダイヤモンドのついた砥石を回転させて、レンズを所定の曲率に削ります。曲率は砥石とレンズの光軸との角度で決まります。

砂かけ

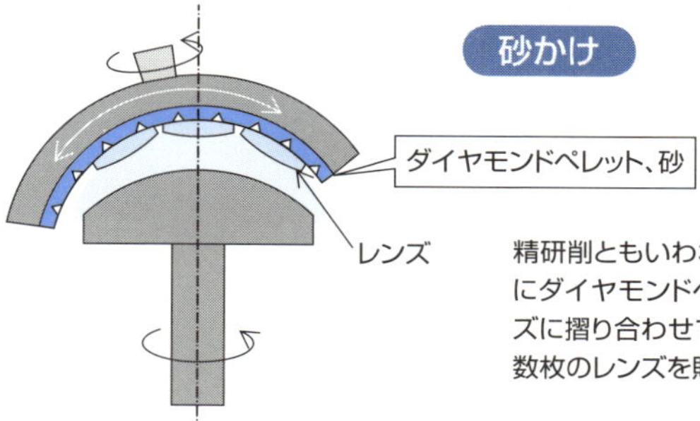
ダイヤモンドペレット、砂
レンズ

精研削ともいわれ、レンズの曲率と同じ鋳鉄製の皿にダイヤモンドペレット等を貼り付けたものをレンズに摺り合わせて皿の曲率をレンズに移します。複数枚のレンズを貼り付けて一度に磨き上げます。

研磨

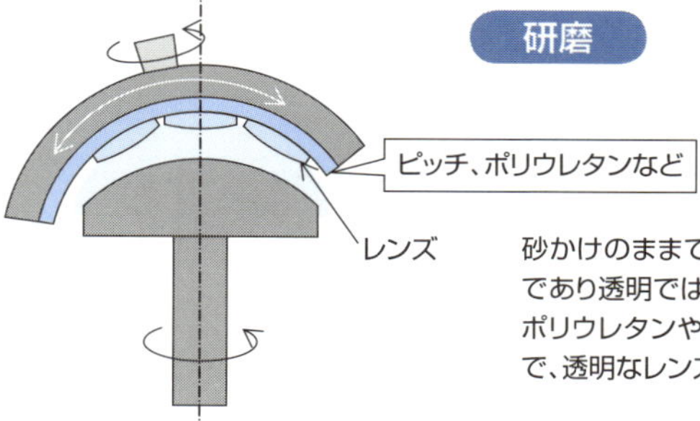
ピッチ、ポリウレタンなど
レンズ

砂かけのままでは、まだレンズ表面は曇りガラス状であり透明ではありません。ダイヤモンドペレットをポリウレタンやピッチなどに換えてさらに磨くことで、透明なレンズが完成します。

芯とり

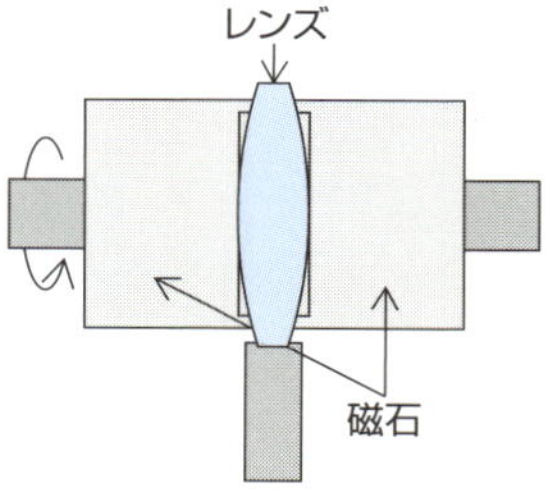
レンズ
磁石

芯とり工程では、レンズ両面の曲率の中心を結ぶ光軸とレンズ外径が対象となるように、外径を砥石で削ります。カップ状のホルダーで挟み外周を砥石で削ることで、芯とりを達成します。ただし、レンズの曲率が大きいものではこのベルクランプ式以外を使用します。

用語解説

原器：目標の曲率に正確に作られたガラス製の工具
ニュートンリング：レンズと原器の間の空気層で、レンズ面および原器の曲面で反射した光が互いに干渉することによって発生する干渉縞

55 品質の確認工程

個々のレンズの品質がレンズシステムに大きな影響を与える

レンズ硝子材料を作りレンズに加工した後は、その形状を確認する工程があります。使用された硝子材料の屈折率から始まり、個々のレンズには決められた様々な仕様があります。それらが満足されたレンズを数種類組み合わせてレンズシステムが作られるのです。仕様値を満足するように確認しながら加工が行われていきますが、最終的に別の工程でも確認が行われ、ダブルチェックが行われています。これは、レンズを組み合わせて完成品を作ってから性能が出ないことがわかった場合には、個々のレンズにまで遡って計測しなければならず、このような手間やこれに伴うコストが発生することを避けるためです。

レンズ内部には細かな泡やごみなどの異物、さらには部分的に屈折率が異なる部分が存在する「脈理」などがないことを確認しています。これらがあるとレンズにより作られた像に異常をきたします。そこで、電球の光をレンズの後ろから当てることによりレンズ内部の様子を確認していきます。

次は、レンズ形状についての確認を行っていきます。レンズの直径やレンズの中心厚、レンズの淵の厚さ（淵厚）を、デジタルマイクロなどの計測器を用いて測っていきます。これらの値は、レンズを組み合わせていくときに重要な値となります。

また、表面形状について確認します。レンズ表面形状の基準になる原器というものがあります。凸レンズの原器は同じ曲率の凹レンズの形状をしています。この原器を測定するレンズに合わせます。そこに光を当てて発生する干渉縞を観察して、基準になる原器との差を調べます。最近は、レンズ面の高精度化が要求され、原器が計測できる精度以上を測らなければならないため、、干渉計などを使い面形状を計測していきます。これらは、レンズ固有の決められた焦点距離の値に影響を与えたり、レンズにより作られる像の良し悪しに大きな影響を及ぼします。

要点BOX
- ●レンズの内部欠陥の確認
- ●中心厚、淵厚、曲率
- ●レンズ表面の形状測定に干渉計や原器を用いる

磨かれたレンズの表面のキズや内部の欠陥を確認

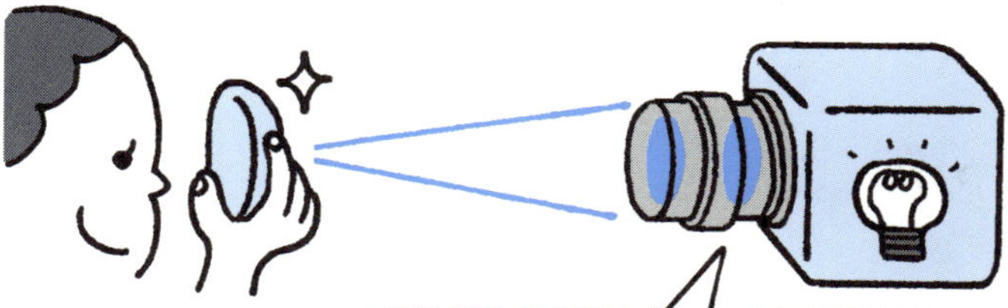

少し暗い部屋の中で、ランプの光を後ろから加工したレンズに当てて、レンズ内部の欠陥や表面のキズなどのレンズ面の状況をチェックします。

暗視野型集光器によりレンズの表面や内部の傷、欠け、泡、脈理等を集光器により光を集めて、レンズに当てて、目視でチェックします。

レンズの構造

レンズ面の曲率の計測

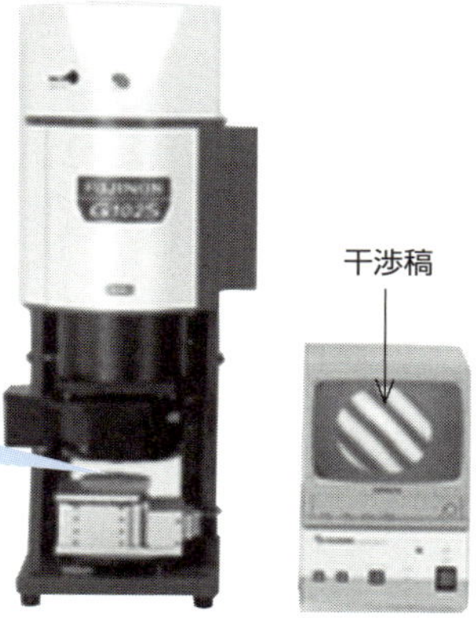
FUJINON
G102S
干渉稿
測定したいレンズを置きます

レーザー干渉計の計測原理

レーザー光源を使い、光路を2つに分けます。一方の光は基準となる平面の基準面に当てその反射光を得ます。もう一方の光は測定したいレンズ面に当てその反射光を得ます。こうして得られた2つの反射光を干渉させます。すると2つの光路長の差が光源の波長の整数倍のところは明るくなり、整数倍から1／2波長ずれているところは暗くなります。このようにして現れる干渉縞を見て、レンズ面の形状が予定通りの形状に加工できているかを確認します。

レンズ中心の厚さの計測

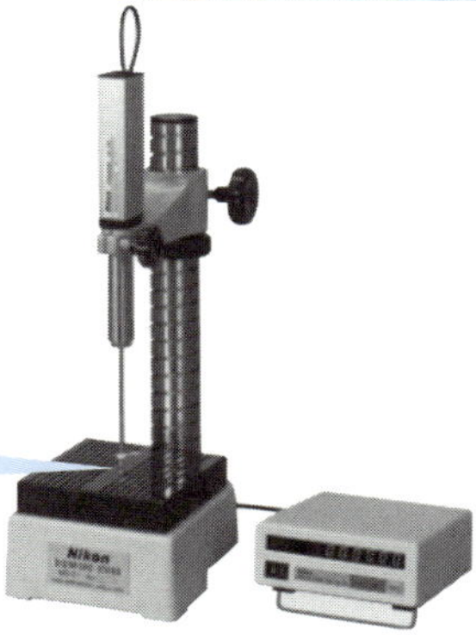
レンズの厚さを測ります
Nikon

デジタルマイクロという測定器で、レンズの中心の厚さなどを計測して、決められた厚さになっているかを確認します。

Column

高度な機能が求められるレンズ

レンズが使われはじめた当初、微小物体を拡大して見る機能と、遠くのものを近づけて見る機能が中心に活用されていました。

技術の進歩により近年のレンズの研究開発は、基本的な機能をより高倍率に、より高解像度に、という方向に進んでいます。

解像度を上げるためにはレンズの口径を大きくすることと、扱う光の波長を短くすることが必要になります。そこで、大きな口径で内部が均質なレンズを作ることが必要となります。さらには、短い波長でも光が通過できるようなレンズ材料が必要です。

このような高い条件が必要とされるレンズの例として、IC製造用のステッパー用の投影レンズが挙げられます。これはICの回路パターンを描いた原版であるマスクを1／4に縮小して、ICの基盤となるウェハー上に投影するためのレンズです。

この投影レンズの材料として、短波長の光の透過率が高い合成石英ガラスが使われています。合成石英ガラスは、その材料を高熱で一日24時間、何十日も掛けてゆっくりと合成して製造されます。

このレンズを1枚で使うのではなく、要求される機能を実現するために60枚を超えるレンズが組み合わされています。それぞれのレンズの口径は解像度を上げるために大変大きく、直径30センチメートルを超えるものも使われています。そのため全体のレンズ重量は数十キログラムにもなります。

60枚それぞれのレンズについて、光の波長オーダーの精度で表面が磨かれています。60枚のレンズでは、その面の数は120面にも上ります。このようなレンズの製造には大変時間も費用もかかり、高度な技術が必要となります。

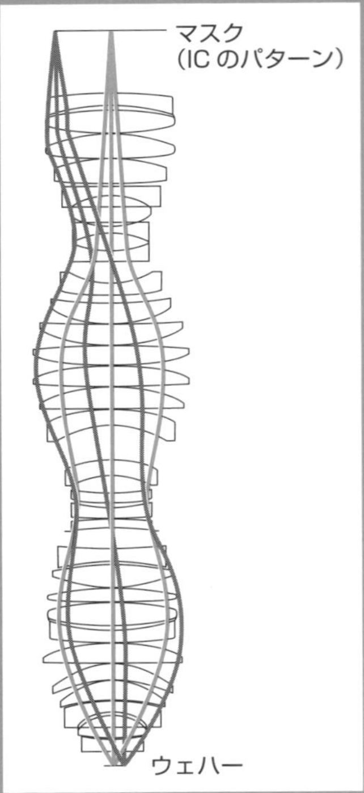
マスク
(IC のパターン)
ウェハー

第8章

レンズを組み立てる

56 レンズの軸

レンズの中心が一直線上に乗り傾きがないことが必要

通常のカメラの交換レンズや顕微鏡の対物レンズ、さらには望遠鏡や双眼鏡といった複数枚のレンズを使用した光学系では、レンズ全体を通す1本の軸が存在します。これを「光軸」といいます。この光軸を中心に、各レンズは「回転対称」の形状をしています。このような光学系を「共軸光学系」と呼んでいます。レンズは一般的には各面を研磨して製造しますが、このような光学系にすると一つの軸を中心にして回転させて作ることができることから、大量生産に向いています。同時にレンズを組み立てるときにも、光軸を中心にして調整することができるため大変好都合です。各レンズの軸が光軸からズレたり傾いたりすると、光学性能に大きな影響を与えてしまいます。レンズ収差の予期しない増大を招き、解像力やその他の性能の劣化を招きます。

一方、個々のレンズ形状は「回転対称」の形状をとっていても、全体を通す光軸が1本ではない光学系がありあます。このような光学系を「偏心光学系」といいます。意図的にレンズを少しシフトさせることにより、レンズに防振効果という新たな機能を発揮させています。シフトといっても、どのレンズ群をどの程度シフトさせるかは重要で、シフト量をあまり多くすると像に偏心による収差の発生を招くことになります。このためレンズ群をシフトさせ、像の移動を起こさせて防振効果を得ると同時に、発生する偏心収差が出にくい光学系が要求されます。このような設計条件を満たしたレンズが初めて「防振レンズ」となるわけです。

また、レンズ形状も回転対称のレンズだけではありません。いろいろな曲面を持った「自由曲面レンズ」も開発されています。球面レンズでは得られない特徴を持ち、プロジェクターレンズやカメラレンズの一部にも使われだしています。ただし、製造や、作ったレンズ表面が予定したカーブになっているかを確認する検査工程には多くの技術開発が必要となります。

要点BOX
- ●全て同じ中心軸を持つ光学系、共軸光学系
- ●全体の光軸が1本ではない偏心光学系の防振効果
- ●曲面上において曲率が異なる自由曲面レンズ

レンズの軸(光軸)

レンズの表面は一般的には球面です。前後の面の中心点を結ぶラインを「光軸」といいます。
多くのレンズ系では、すべてのレンズ群の光軸を揃えています。このような一本の光軸を共有している光学系を「共軸光学系」と呼びます。

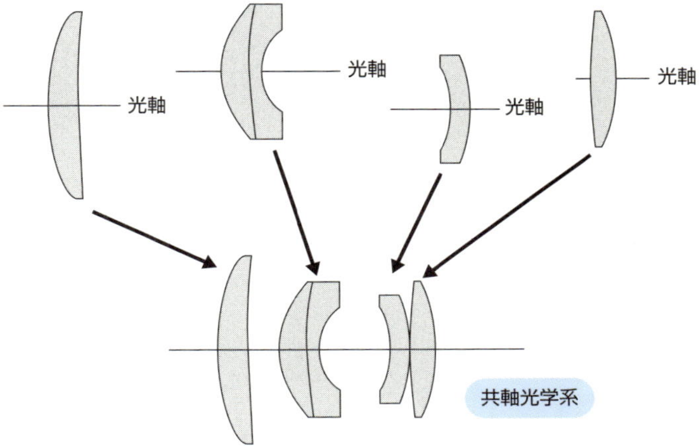
光軸
光軸
光軸
光軸
共軸光学系

レンズの防振機能

レンズの光軸をシフトさせて像の位置を移動させることにより、レンズの防振機能を達成します。

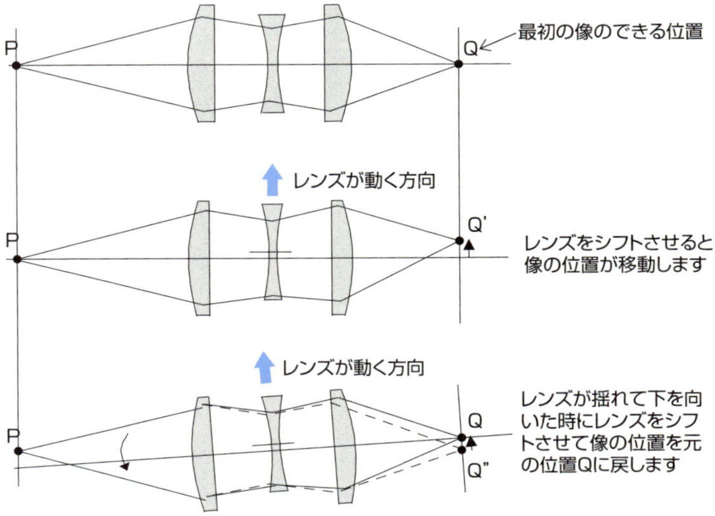
P
Q
最初の像のできる位置
レンズが動く方向
P
Q'
レンズをシフトさせると
像の位置が移動します
レンズが動く方向
P
Q
Q"
レンズが揺れて下を向
いた時にレンズをシフ
トさせて像の位置を元
の位置Qに戻します

57 レンズシステムを調整する

レンズによる収差を最小限にする

多くのレンズシステムは、複数枚のレンズを組み合わせて作られています。これらのレンズは、キチッと整列させて作らないと予期せぬ収差が目立って、レンズシステムとして不完全なものとなってしまうことは容易に想像できます。この複数のレンズを整列させることをレンズを調整をするといいます。

たいていの場合は、(1)光軸出し(2)見え調整(3)同焦点出し(フランジバック出し)の3つのステップにより行われます。

(1)光軸出し調整：各レンズが1本の光軸を共有するようにします。各レンズは光軸に対してチルトとシフトの2つの状況が存在します。これらがあるといわゆる非対称と呼ばれる収差が発生します。中心部では、点像がある方向に流れるような偏心コマと呼ばれる収差が発生していることでわかります。また、上下や左右の周辺の像を比較するとボケ方が対称になっていないことから、偏心による非点収差や像面湾曲収差が発生するため光軸がズレていることがわかります。対策は各レンズの芯出しで行います。

(2)見え調整：各レンズの間隔が設計値からズレていると球面収差が発生して、像面の中心部でのコントラストの低下が起こります。また、中心部での像に赤や青色といった色づきが発生していることから見つけることができます。これらを修正するには、レンズの間隔を調整する必要があります。

(3)同焦点調整：レンズシステムの取り付け基準面から像が結像する像面までの距離を所定の位置になるように調整します。これはレンズを交換したときに、常に同じ場所に像ができるようにしておく必要があるからです。調整方法はレンズシステムの入っている外筒という基準面のある部品と、レンズシステムの入っている内筒の間に入っている同焦点調整環を使い同焦点距離を伸ばしたり、鏡筒の一部を削って縮めたりして、同焦点調整を行います。

要点BOX
- ●光軸出し、見え調整、同焦点調整の実施
- ●レンズの偏心には、シフトとチルトがある
- ●レンズの調整とレンズによる収差の関係

レンズの組み立て手順

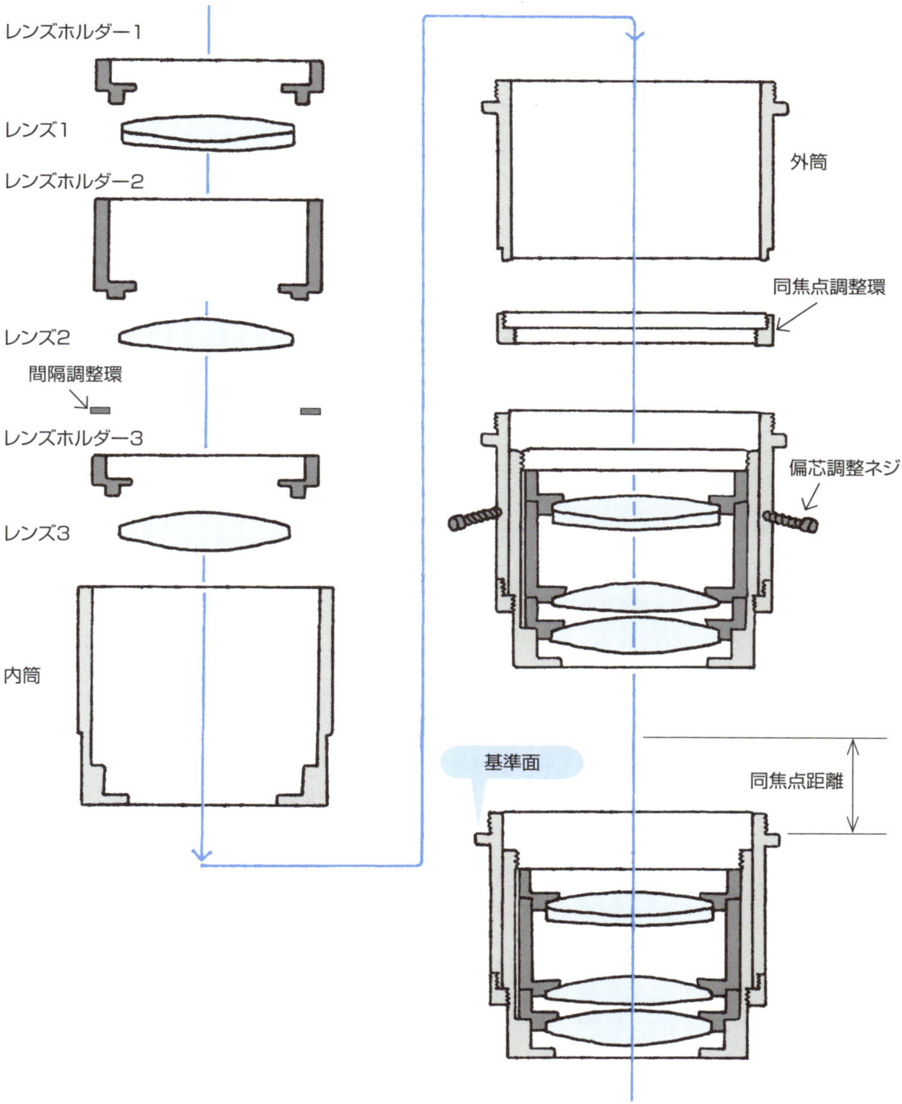

レンズホルダー1
レンズ1
レンズホルダー2
レンズ2
間隔調整環
レンズホルダー3
レンズ3
内筒
外筒
同焦点調整環
偏芯調整ネジ
基準面
同焦点距離

用語解説

チルト：外筒の中心軸に対して、レンズ系全体の光軸の傾きのこと
シフト：外筒の中心軸に対して、レンズ系全体の光軸が平行にズレていること

58 ズームレンズのしくみ

ピントを合わせながら倍率を変えるためにレンズの収差を最小にする

カメラ用の交換レンズや計測器に使用されているレンズ、双眼鏡や顕微鏡のレンズなどではズームレンズが使用されているものがあります。これらのレンズは見たいところにピントを合わせた後、その倍率を変えることができるようにしたレンズです。倍率を変えてもピントを合わせ直さなくてもよいため大変使いやすいレンズです。

しかし、レンズ設計をする立場からすると大変苦労するレンズの一つです。像の倍率を変える（レンズ系の焦点距離を変えることに等しい）と像に発生する収差が変わってしまうからです。これを回避するためには、レンズを替えることが必要になりますが、今使用しているレンズ系の一部のレンズを取り替えることは容易にはできません。これに代わり一部のレンズの位置を替えることで収差の補正を行わせています。

図は4群ズームレンズの構成例です。このレンズ系では、全体で12枚のレンズが使用されており、先頭の3枚のレンズが一群で、ピントを合わせるため前後に動きます。次の3枚のレンズが二群で、倍率を変えるために移動します。次の2枚が三群で、倍率を変えたことによる収差の影響を少なくするよう移動します。さらに次の4枚が四群を構成していて、決まった位置に像を作るための結像機能を担当しています。第二群が倍率に応じた移動変化が直線的なのに対し、第三群は曲線的な移動となります。ズームレンズはズーム環をまわすと、第一群から第四群までがピント位置や倍率に応じた位置になめらかに正確に移動しなくてはなりません。この移動のために、多くは円筒カムが使われています。このように絞りの作動も含め、レンズには動く部分があります。滑らかに移動させるために、カーブは急激に曲がっていたりせずなめらかな形になっていなければなりません。そのカム曲線やベアリングや給油などが適切に設定される必要があり、製造でも精密な加工技術が要求されます。

要点BOX
- ●ズームレンズの構成にはそれぞれ役割がある
- ●ピントを合わせる、倍率を変える、収差補正をする
- ●なめらかなレンズ移動が要求される

4群型ズームレンズの構造としくみの例

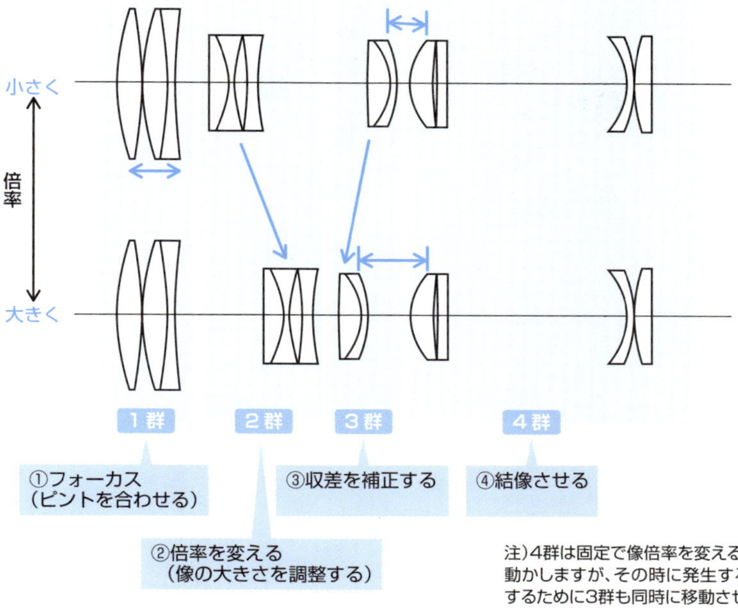

小さく
倍率
大きく
1群
2群
3群
4群
①フォーカス
（ピントを合わせる）
②倍率を変える
（像の大きさを調整する）
③収差を補正する
④結像させる

注）4群は固定で像倍率を変えるために2群を動かしますが、その時に発生する収差を補正するために3群も同時に移動させます

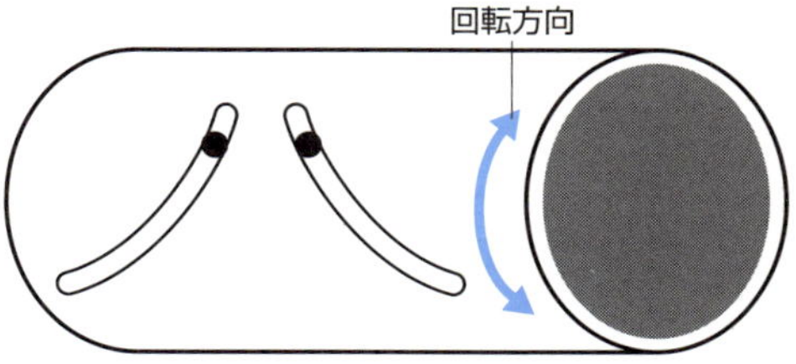

回転方向

ズーム環のカムの動きをなめらかにするために、カム溝のカーブも緩やかなことが理想です。

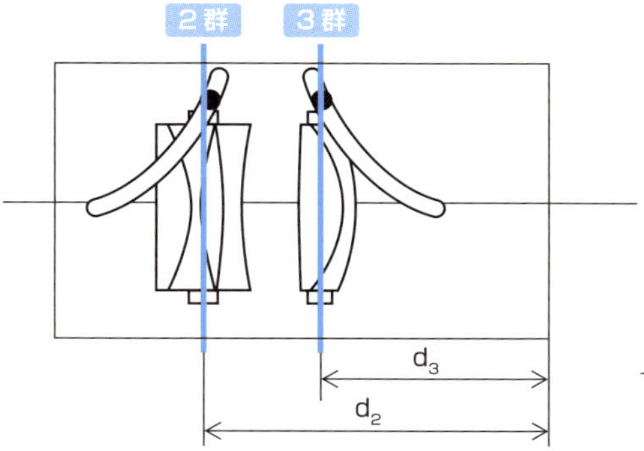

2群
3群
d_3
d_2

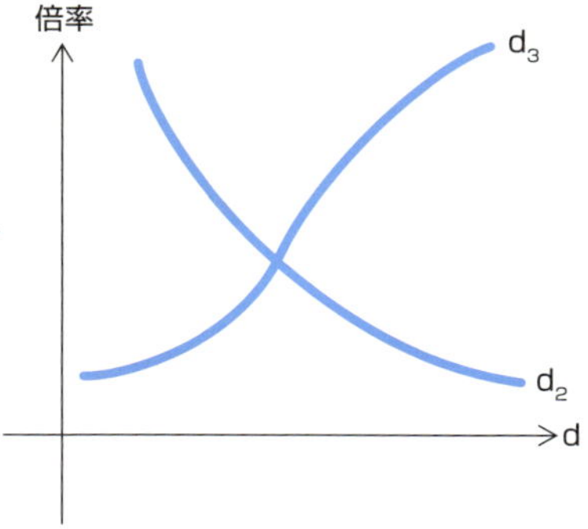

倍率
d_3
d_2
d

Column

レンズを通る光線の進行方向を推定する

レンズの中に入った光線がどのような方向に進んでいくかを推定して、理想とする場所に光を導くことが、レンズ構成を決めていく上での作業となります。

理想の場所に光を集めるために、レンズの形状や間隔、レンズの材料を選択していきます。具体的には、凸レンズ、凹レンズ、レンズ面の曲率、使用するレンズ枚数、レンズの組み合わせの順番、レンズの厚さ、ガラスの種類、レンズの直径など、これらの全ての組み合わせにより目的に合致するような最適な選択を行います。ここでは非常に多くのパラメータを扱うことになり、PCが不可欠になります。

光がレンズに入ると光路が曲がる（屈折する）ことが、光線の進行方向を推定する上でもっとも基本的な事柄となっています。レンズの境界面で光の進行方向が変わりますが、その曲がり方は①レンズに使われるガラスが持っている固有の屈折率と②レンズ面に入射する光の角度により決まります。

①のガラスの屈折率は、空気中の光の速度とガラス中の光の速度の比によって決まるため、どのようなガラスを使うかで変わります。

②のレンズへの光の入射角はレンズ面が球面になっているため、レンズの光軸からの入射する高さによって変わるので、その角度は計算によって求めることができます（3参照）。光の速度は大変速く日常ではほとんど問題になりませんが、レンズ中の光の速度は遅く、空気中の速度の1／3程度になってしまいます。この本質を知ると光の速度がレンズの構成を検討するにあたりとても重要であることがわかります。

光の物質中の速度

真空中	30	万km／sec
空気中	30	万km／sec
水中	22.5	万km／sec
エチルアルコール	22	万km／sec
水晶	19.5	万km／sec
ガラス	20	万km／sec
サファイア	17	万km／sec
ダイアモンド	12.5	万km／sec

第9章

レンズを使った製品

59 像を作る(基礎編) ルーペで像を見る

凸レンズ1枚で拡大像を見る

レンズで物体の像を作ることを結像といい、物体の像ができる点を結像点といいます。結像点はレンズと物体の位置により変わります。29および30で結像点の場所を求めることができることを解説しました。ここではできる像がどのように見えるかをルーペでの観察を通して考えていきます。

ルーペで小さいものを拡大して見ているとき、私たちは虚像を見ています。プロジェクターのように、PCの画像をスクリーンに結像させた像は実像です。

虚像について考えてみます。ルーペで作る虚像は、スクリーンをどこに持っていってもスクリーン上に像はできません。では、なぜ眼には見えるのでしょうか？実は、眼には水晶体というレンズが入っていて、眼のレンズにより虚像が眼の中のスクリーンである網膜に倒立像として結像して、実像が作られているのです。虚像とは、実際には物体は無いのですが、あたかもそこに物体があり、光がそこから出ているかのような状態を示します。このことから、私たちは虚像から光が出ているように考え、虚像の場所に物体があるように感じます。

では、ルーペで拡大して見える像の大きさはどのくらいでしょうか？ルーペの倍率は、物体を明視の距離（250ミリメートル）離して見たときの角度と、ルーペを覗いて見たときの角度の比で表すことになっています。「明視の距離」とは、人が眼でピントを合わせることができる距離は無限遠から250ミリメートルとしたとき、最も物体が大きく見える距離としています。つまり裸眼で一番大きく見たときの角度との比でルーペ倍率は決められています。

実は人によって明視の距離は変わるので、人によりルーペ倍率は異なっているのですが、表示を統一する為に、このような決め方をしているのです。実際に右目でルーペを通してスケールを見て、左目裸眼で別のスケールを見て倍率を測って見るとその人にとって実際の倍率がわかります。

要点BOX

- 「明視の距離」は250mmとされている
- 眼でピントを合わせることができる範囲は無限遠～250mm

眼の構造と対応する光学系の比較

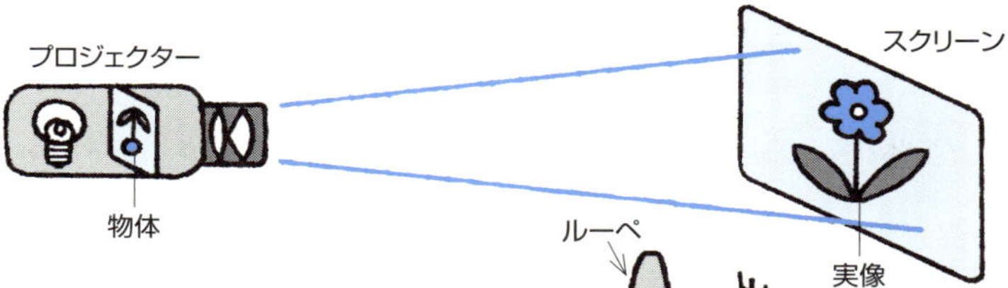
プロジェクター
物体
スクリーン
実像

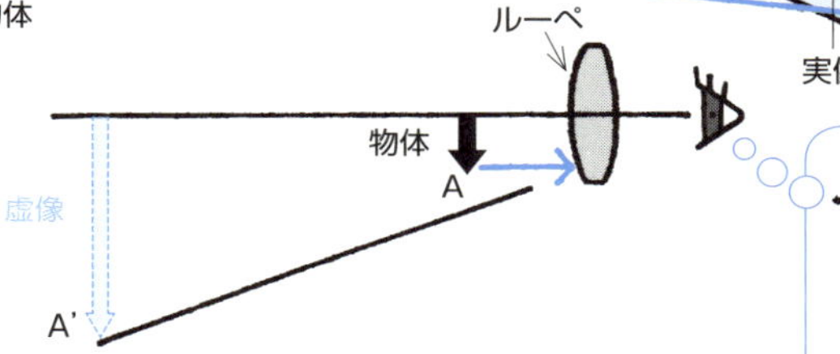
ルーペ
物体
A
虚像
A'

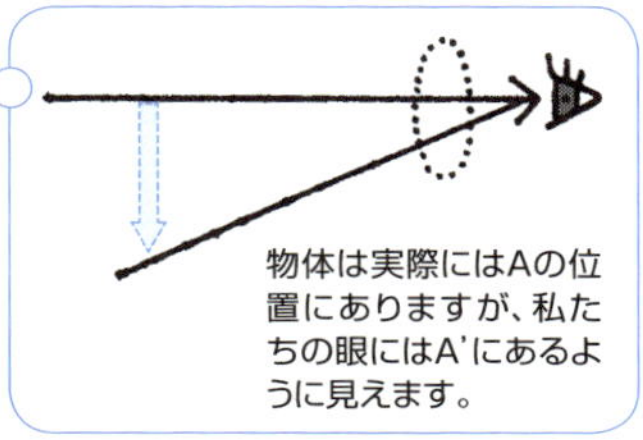
物体は実際にはAの位置にありますが、私たちの眼にはA'にあるように見えます。

ルーペの倍率について

ルーペ倍率とは、物体を 250mm 離して見たときの角度とルーペを使ってみたときの角度の比で表します。従って、裸眼のときとルーペ使用時の角度は図よりそれぞれ次のようになります。

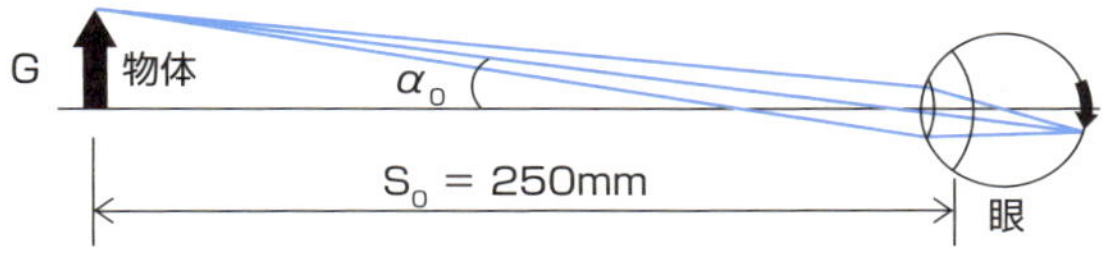
G
物体
α_0
S_0 = 250mm
眼

$$\alpha_0 = \frac{G}{250} \qquad \alpha = \frac{G}{f}$$

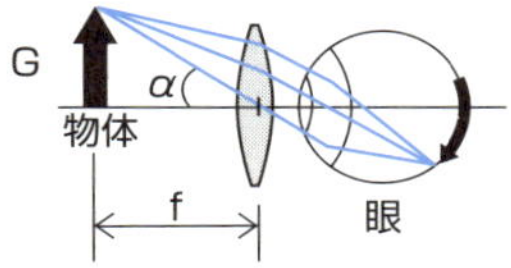
G
α
物体
f
眼

$$\beta = \frac{\alpha}{\alpha_0} = \frac{\frac{G}{f}}{\frac{G}{250}} = \boxed{\frac{250}{f}}$$

ルーペ倍率を測って見る

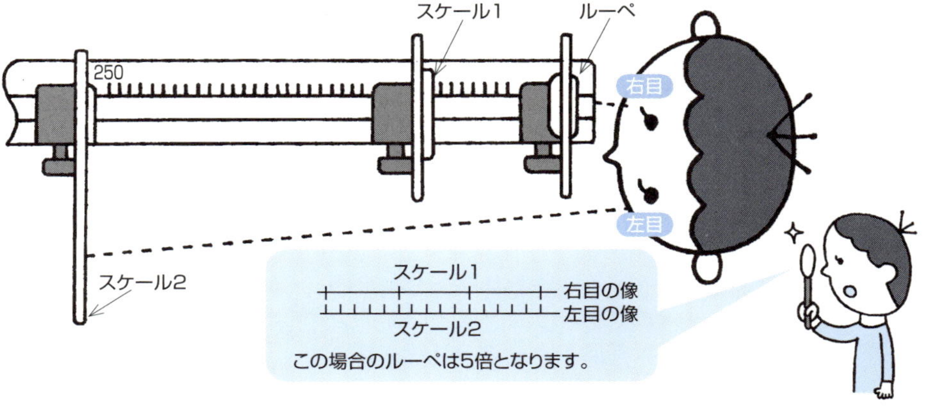
スケール1
ルーペ
250
右目
左目
スケール2
スケール1
右目の像
左目の像
スケール2
この場合のルーペは5倍となります。

60 像を作るカメラのレンズ（応用編①）

像の明るさは像面中心部と周辺部で異なる

レンズにより像を作る機器の身近なものにカメラがあります。カメラはピンホールカメラから始まり、フィルム用カメラ、デジタルカメラと進化をしてきました。しかし、レンズの機能から考えると物体の像を特定の場所に作るということは、全く変わっていません。近年ではさらに携帯電話やスマートフォンにもカメラがついていて、これも同様に像を撮像素子上に結像させる目的でレンズが使われています。

カメラでは、像面に到達する「総光量」が重要な値で、「像の明るさ」と「露出時間」の積になっています。像の明るさはレンズの絞りの大きさで決まるFナンバーの二乗に反比例し、露出時間はシャッタースピードにより決まります。Fナンバーが小さいほど像に向かう光量が多くなるので、夜間の撮影など暗い所での撮影は、レンズの絞りを広げてFナンバーを小さくして、シャッターを開けている時間を長くし、撮像素子に当たる光量を増やします。

Fナンバーによる像の明るさは、光軸上の明るさを表していますが、実際の像面の明るさでは周辺にいくほど光量が減ってきて暗くなります。これには次の三つの要因があります。（1）レンズに入射する光が光軸から入る場合に比べ、光軸外から入る光の角度範囲が小さくなること（2）その距離が遠くになることにより、光軸外から入り像の周辺に到達する光の量が少なくなる「コサイン4乗則」によること（3）「口径食」によるものです。何枚ものレンズから構成されているレンズでは、前後のレンズ保持金枠により光線束にけられが生じます。レンズを円筒と考えた場合、正面から見ると明るい円形の光線束が見えますが、レンズを斜めに見ると楕円状に見えることになります。この光束のけられを「口径食」といいます。

レンズによりできた像をいかに忠実に記録できるか、撮像素子の性能に依存しています。近年では、1千万画素以上の素子も一般的になってきています。

要点BOX

- 光軸上の像の明るさはFナンバーによって決まる
- 周辺光の像の明るさは、「コサイン4乗則」×「口径食」
- 「総光量」＝「像の明るさ」×「露出時間」

像面に伝わるエネルギーから

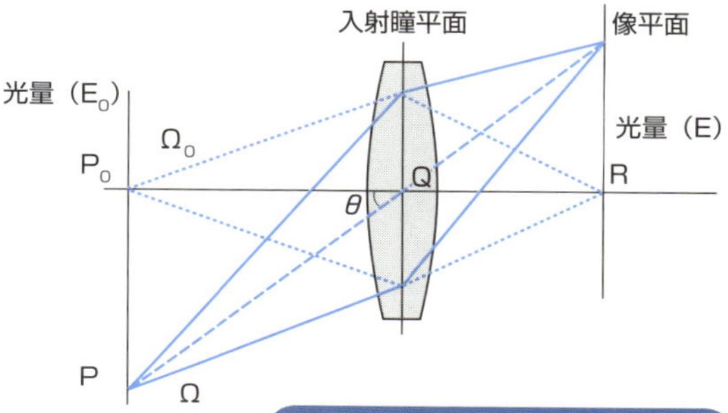
入射瞳平面
像平面
光量（E_0）
Ω_0
P_0
Q
θ
光量（E）
R
P
Ω

コサイン４乗則
$E = E_0 \cdot \cos^4\theta$

機械的な光束の欠けから

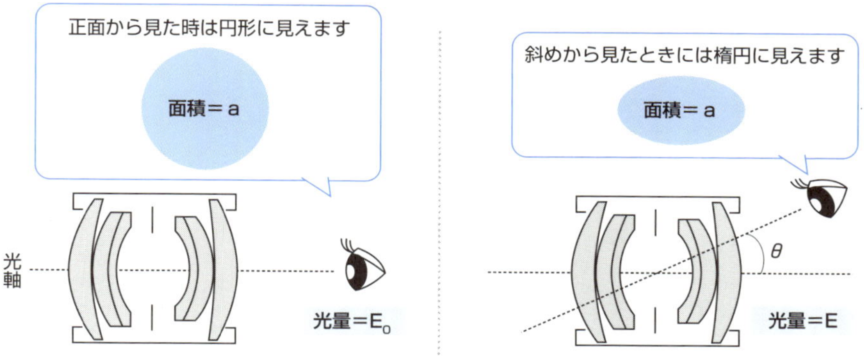
正面から見た時は円形に見えます
面積＝a
光軸
光量＝E_0
斜めから見たときには楕円に見えます
面積＝a
θ
光量＝E

けられる割合を見える光束の面積比で表したものを「開口効率」といいます。

$$開口効率 = \frac{b\,の面積}{a\,の面積}\ (\%)$$

総光量

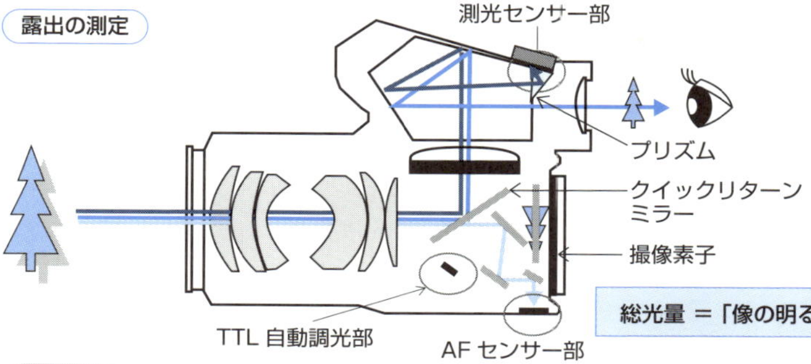
露出の測定
測光センサー部
プリズム
クイックリターンミラー
撮像素子
TTL 自動調光部
AF センサー部

総光量 ＝「像の明るさ」×「露出時間」

用語解説

けられ：レンズフードの影など物理的な影が写ってしまう現象

61 像を作る（応用編②）顕微鏡

凸レンズ2枚の構成

顕微鏡に使われている光学系を見てみましょう。顕微鏡は大変微細な物体を拡大して見るための装置です。生物用の顕微鏡は、生物の細胞や組織などを、工業用の顕微鏡はICなどの構造などを見ます。また、金属顕微鏡は岩石の組織などを観察するのに使われていて、0・3ミクロンから数ミリの大きさの物体を観察することができます。

顕微鏡のレンズの構成は凸レンズを2枚使用して拡大像を作り上げます。物体に近い凸レンズを対物レンズ、眼に近い方を接眼レンズといいます。接眼レンズは、対物レンズによりできた一次像を拡大して見るルーペの役割をしていることから、顕微鏡像の見え方は、対物レンズの性能に大きく依存します。顕微鏡では、対物レンズの取り付け面から物体までの距離を同焦点距離といい、メーカにより決められた値になっています。したがって、同じメーカーの対物レンズなら、倍率の異なるレンズに替えても像のピントが変わらずに観察を続けることができます。対物レンズは、レボルバーに何本か取り付けられるようになっていて、レボルバーを回転させて倍率の異なるレンズに切り替えながら観察を行える構造としています。対物レンズの倍率は一般的には4倍から100倍のものが使われます。また、接眼レンズの倍率は10倍程度のものが一般的です。したがって、観察する時の総合倍率は、40倍から1000倍といったところです。

近年の顕微鏡は無限遠系の光学系となっています。固定された結像レンズと、切り替えて使用する対物レンズで一次像を作ります。対物レンズと固定レンズでできる像倍率は、（結像レンズの焦点距離）／（対物レンズの焦点距離）で求められます。また、接眼レンズの焦点距離はルーペ倍率と同じで、250／接眼レンズの焦点距離で求めます。最近顕微鏡像は観察だけでなく、デジタル写真や動画で記録、スケールを同時に写し込むことで、物体の大きさを計測することができます。

要点BOX

- ●対物レンズと接眼レンズの組み合わせで観察する
- ●0.3μ程度のものも見ることができる
- ●総合倍率は40～1000倍程度

顕微鏡の光学系のイメージ図

（1）有限系の顕微鏡光学系

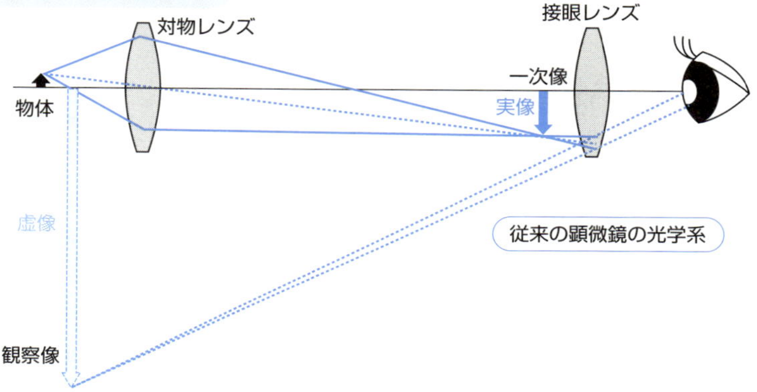

対物レンズ
接眼レンズ
一次像
実像
物体
虚像
観察像
従来の顕微鏡の光学系

（2）無限系の顕微鏡光学系

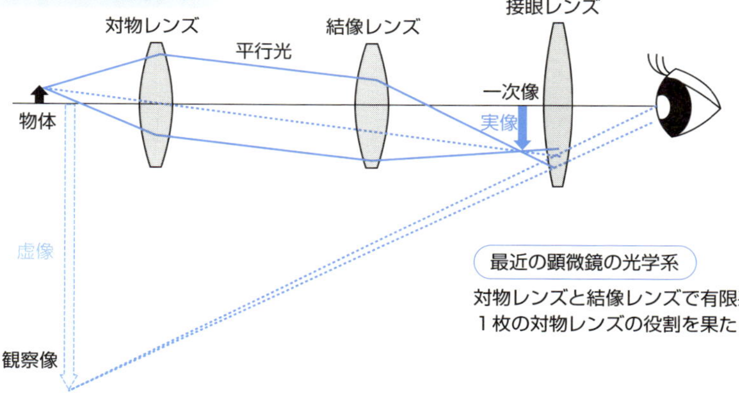

対物レンズ
結像レンズ
接眼レンズ
平行光
一次像
実像
物体
虚像
観察像
最近の顕微鏡の光学系

対物レンズと結像レンズで有限系の
１枚の対物レンズの役割を果たします。

無限系の光学系における倍率

①対物レンズと結像レンズによる倍率（M_1）

$$M_1 = \frac{\text{結像レンズの焦点距離}}{\text{対物レンズの焦点距離}}$$

②接眼レンズの倍率（M_2）

$$M_2 = \frac{250}{\text{接眼レンズの焦点距離}}$$

顕微鏡の総合倍率（M）＝①×②

$$M = M_1 \times M_2$$

62 信号を作る(基礎編)光ファイバー

光を情報伝達手段として利用

光を信号として扱い、情報伝達手段として使用する方法が近年いろいろな場面で活用されていますが、この手段として光ファイバーが使われています。

光通信という高速高容量で情報を遠方へ伝達するために使われる光ファイバーは、情報伝達に伴う光量の減少を最小限に抑えなくてはなりません。このため、構造は光の性質を利用した工夫が見られます。

構造はシンプルで屈折率の異なる二つの大変細い透明な繊維状の材料で構成されています。中心のコアと呼ばれる線の屈折率は1・47、周りのクラッドの屈折率は少しだけ小さく1・46程度です。その差は1％以下です。光ファイバーが多少曲げられて設置されても、この屈折率の違いによりコアとクラッドの境界面で情報を持った光が全反射を起こすことにより、光の漏れがなく「光の損失」が小さくなるため、遠くへ情報を伝達することができるようになっています。光ファイバーの太さは、コアの直径が8〜100ミクロンで、クラッドの直径が125〜140ミクロンという極めて細いもので、一般的にはコアは「石英」でできています。

光ファイバーがあまり小さな曲率で曲げられると、全反射を起こす臨界角未満の角度になってしまい、光の一部が透過して外部へ漏れ出てしまいます。こうなると「光の損失」が発生してしまいます。これを「曲げ損失」といい、設置の際には注意が必要です。さらにファイバー内で全反射を起こさせるために、ファイバー端に入射する光の入射角には、ファイバーの屈折率により決まる条件があります。

信号を送る光にはレーザーが使われます。伝達する情報は、このレーザー光のオンオフや強度の変化に変えられて、ファイバーの中を通っていきます。信号の受光側では、この光をフォトダイオードなどの光センサーを用いて電気信号に変換して情報の処理が行われています。

要点BOX

- ●光ファイバーによる情報伝達
- ●全反射を利用して光のロスを減少させる
- ●クラッドとコアによる2層構造

光の全反射

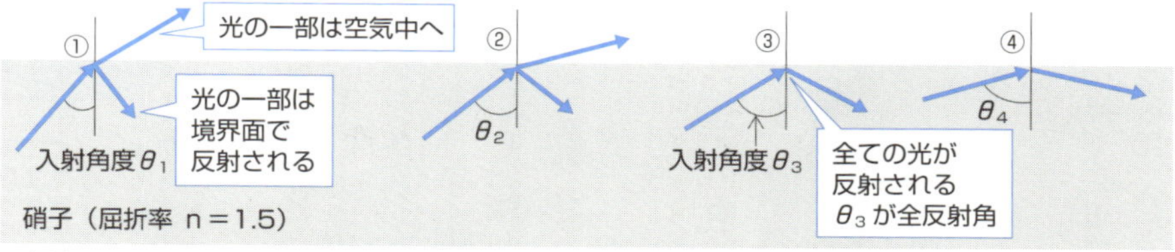

①
光の一部は空気中へ
光の一部は
境界面で
反射される
入射角度θ1
②
θ2
③
入射角度θ3
全ての光が
反射される
θ3が全反射角
④
θ4
硝子（屈折率 n＝1.5）

屈折率の高い硝子から屈折い率の低い空気中へ光が進む場合、入射角度を次第に大きくしていくと（①→④）ある角度以上になると光は空気中に出ることなく全ての光が境界面で反射します。この全ての光が反射しだす角度を「全反射角」といいます。

情報通信で使われる光ファイバーの構造

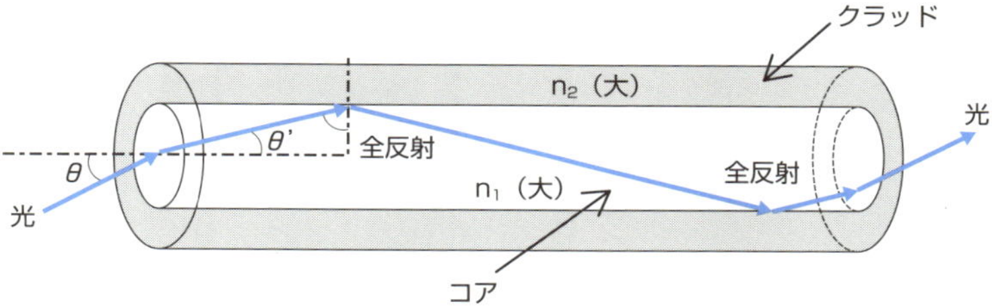

クラッド
n2（大）
θ'
全反射
θ
光
n1（大）
全反射
光
コア

コアの屈折率が n_1＝1.47 でクラッドの屈折率が n_2＝1.46 である場合、ファイバーへの入射角度（θ）をおよそ 10°以下にすることで、信号である光を全反射を利用してファイバーから漏れることなく遠方へ伝えることができます。

強く曲げすぎるとファイバーの内面で反射する角度が全反射を起こす角度以下になり、光の一部が外へ漏れてしまう「光の損失」が発生してしまいます。

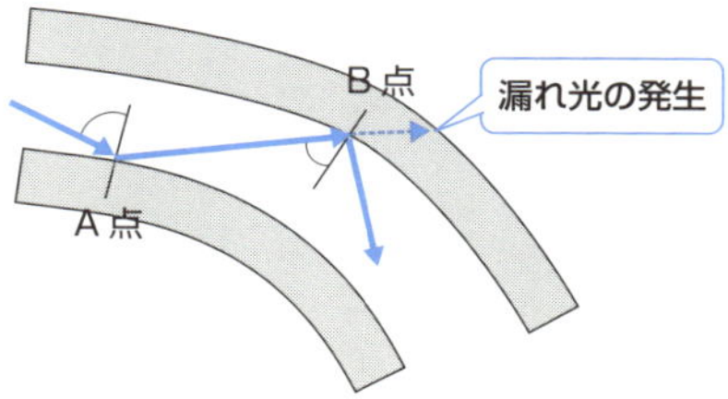

B点
漏れ光の発生
A点

光ファイバーの透過率

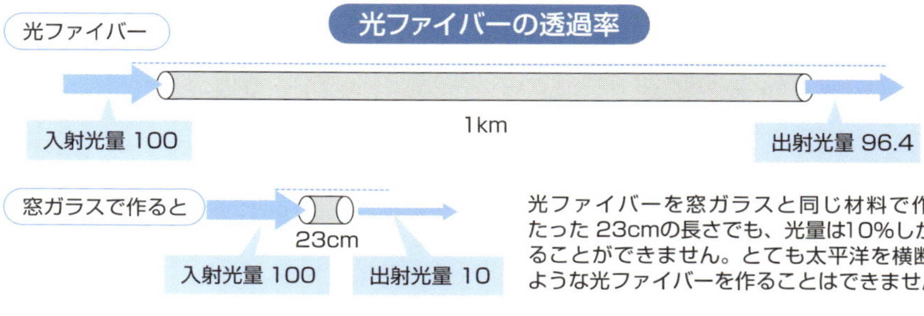

光ファイバー
1km
入射光量 100
出射光量 96.4
窓ガラスで作ると
23cm
入射光量 100
出射光量 10

光ファイバーを窓ガラスと同じ材料で作るとたった 23cmの長さでも、光量は10%しか伝えることができません。とても太平洋を横断するような光ファイバーを作ることはできません。

63 信号を作る(応用編) CD/DVD

光の強弱をデジタル信号の1と0に置き換え情報を記録

光の強弱を信号として捕らえ、情報を記録したり再生したりするために使われるいろいろな装置が私たちの身のまわりに見られます。光で像を作り利用するカメラなどとは全く違う光の使い方になります。

音楽や映像を記録したり再生したりするCDやDVD装置は、16で述べられている光の干渉現象を利用して情報を扱っています。CDなどでは光の強度を検出して、1と0のデジタル情報に変換しているのです。CDディスクはその表面に凹凸が付けられていて、この凹凸を光の干渉を利用して読み取ります。出っ張り部分を「ピット」といい、平らな部分を「ランド」といいます。

CDやDVDなどで使用する光にはその波長に規格が決められています。CDではその光の波長は780nmで、DVDでは650nmの光が使われます。そこで情報を記録する山の高さは、使われる光の波長の1／4に作られています。こうすると、山があるところと山のないところから反射した光にはその波長の1／2の光路差ができます。1／2の光路差がある二つの光が干渉すると光の振幅がゼロになり、光の明るさが暗くなります。また、光路差がないときには強めあい反射光は明るくなります。この明暗をセンサーで取得してデジタル情報を得ています。さらに読み取り用のレーザー光を常にピントを合わせたり、ピット上をトレースできるようにしておかなければなりません。そこでオートフォーカス機能とトラッキング機能が必要となります。これらの機能も光学的手法で実現しています。

DVDは映像情報を記録するため、音楽用のCDに比べてより多くの情報を格納する必要があります。そこで情報を記録するピットをより小さくする必要があり、この小さくなったピットを読むために光学系の解像力のアップが必要となるため、使用する光の波長をより短くし、レンズの開口数も大きくしています。

要点BOX
- ●光の干渉を用いて情報を読み出す
- ●ピットとランドからの反射光を使う
- ●CDよりも記録する情報量の多いDVDディスク

光ディスクの読み取り装置の構造

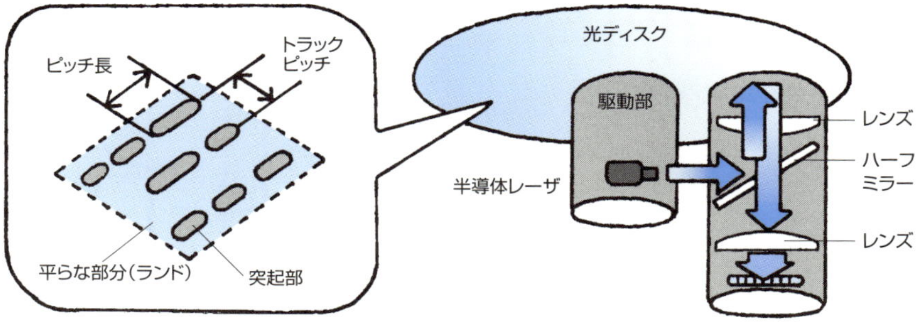

ピッチ長
トラック
ピッチ
平らな部分（ランド）
突起部
光ディスク
駆動部
半導体レーザ
レンズ
ハーフ
ミラー
レンズ

データの読み取り光学系

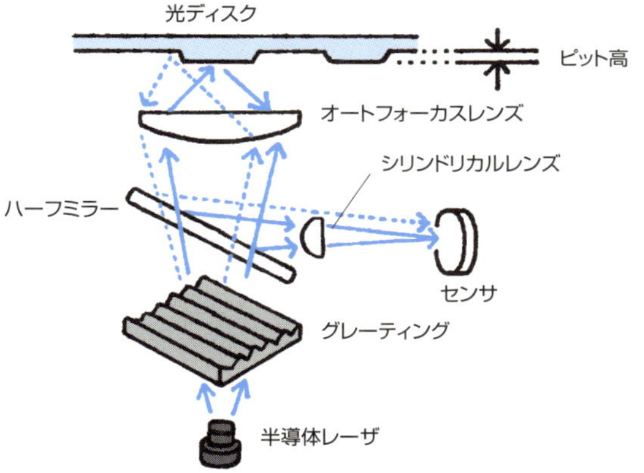

光ディスク
ピット高
オートフォーカスレンズ
シリンドリカルレンズ
ハーフミラー
センサ
グレーティング
半導体レーザ

ピットによる反射光の強弱

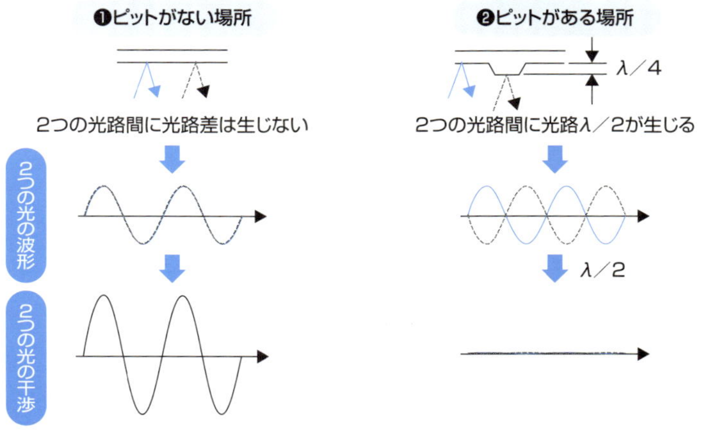

❶ピットがない場所
2つの光路間に光路差は生じない
❷ピットがある場所
λ／4
2つの光路間に光路λ／2が生じる
λ／2
2つの光の波形
2つの光の干渉

64 分析するプリズム・虹（基礎編）

分光により物質の成分を調べる

光を波長毎に分けることを分光といいます。分光することで、光のスペクトルから光源となっている物体を調べることもできます。

まずは、プリズムにより光が分かれるしくみを見てみましょう。23で見たように、光は入った物体の屈折率により曲がり方が変わります。屈折率が大きいほど大きく曲がるのです。一般的に物質の屈折率は光の波長により異なり、波長が短くなるほど屈折率が大きくなります。光を分ける機能を持たせたプリズムを「分光プリズム」といいます。

分光プリズムに太陽光を入射させると波長の短い紫色が一番曲がり方が大きく、緑色、黄色、橙色、赤色と次第に曲がり方が緩やかになっていきます。プリズムから出る光を白い紙の上に投影すると、きれいな虹色の帯となって見ることができます。太陽光はこれらの色が混ざって白っぽく見えているのです。この色の帯を光の「スペクトル」といいます。太陽光のスペクトルを調べることで太陽を構成している成分である水素やヘリウムなどが存在していることが分かります。

私たちの身のまわりにも光を分けて綺麗に見せている現象があります。その代表が晴れた空に見える「虹」です。虹は、空気中にある水滴に太陽の光が入り太陽光が分光され、そのスペクトルが現れる現象です。この球状の水滴の中で光が1回反射する場合と2回反射する場合があります。そこで、空に見える虹には、外側に少し薄い色ですが実はもう一つ虹を見ることができます。明るい方の虹を「主虹」、二番目の薄い虹の方を「副虹」といいます。

また、CDやDVDなどの光ディスクの反射光を見ると虹色に見えることがあります。光ディスクには大変細かい凹凸があり、このように細かい溝などがあるものに光が当ると散乱した反射光どうしが干渉してスペクトルが現れます。このような現象は、玉虫などの羽根の表面が虹色に見える理由にも通じています。

要点BOX

- 波長による屈折率の違いを利用し光を分ける分光プリズム
- 虹は水滴による分光によってできる

光の波長とガラス内における曲がり方

光の波長によりガラス内での曲がり方が変わります。

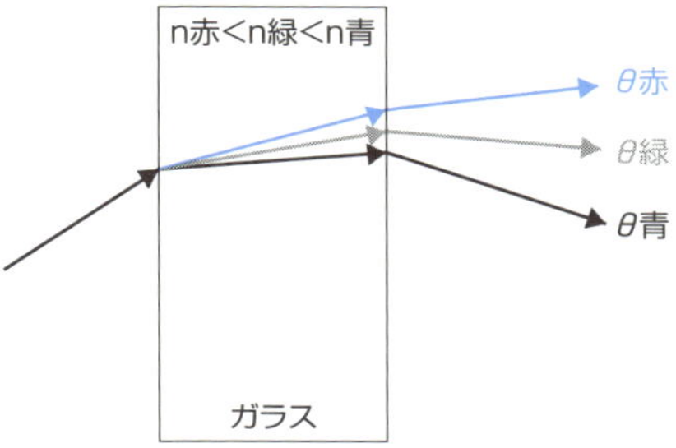
n赤<n緑<n青
θ赤
θ緑
θ青
ガラス

長い
波長
短い

波長(青)<波長(赤)
屈折率(赤)<屈折率(青)
曲がり方(赤)<曲がり方(青)

光の波長が短いほど曲がり方が大きくなります。

θ赤 < θ青

プリズムによる太陽光の分光

プリズムにより太陽光を波長毎に分けることができます。

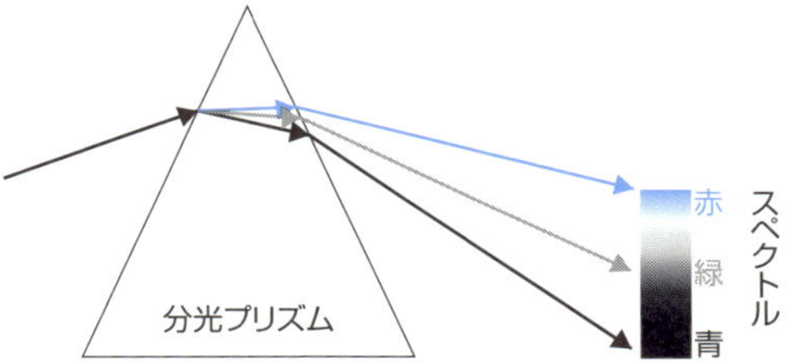
赤
緑
青
スペクトル
分光プリズム

虹について

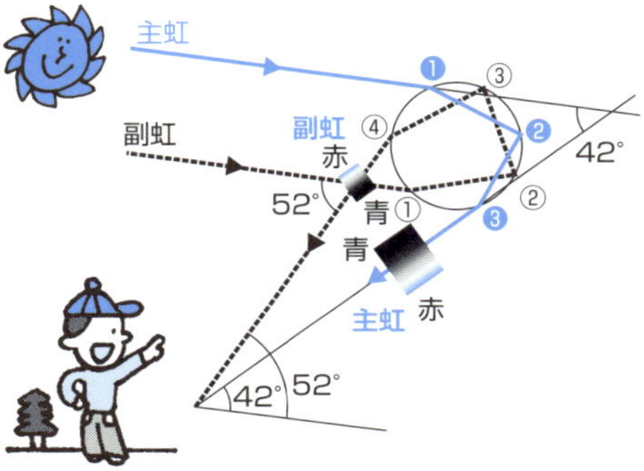
主虹
副虹
副虹
赤
青
①
②
③
④
❶
❷
❸
42°
52°
青
赤
主虹
42°
52°

虹は、空気中の水滴が太陽光を分光することで発生します。
図のように主虹と副虹では、光の色の並び方が逆になっています。
これは雨粒の中での光の反射回数が異なることにより起こります。

65 分析する(応用編)分光器・蛍光顕微鏡

物質の特定や形態を観察

光を波長毎に分ける装置に分光器があります。64で見たプリズムの他に、とても多くの溝を規則的に多数切って作ったガラスで、分光する機能を持つ光学素子があります。この素子を「回折格子」といいます。このガラス板に光が入ると溝の部分では光は透過せずに散乱し、溝と溝の間では、光が透過するために、あたかも大変細かいスリットを並べたような構造をしています。16で見たヤングの干渉実験では2つのスリットでしたが、この回折格子ではもっと多くのスリットが並んでいることになります。このスリットの役割は、隣の溝から回折してきた光とちょうど1／2波長がずれた方向の光は強めあい、より明るい光になります。どの方向が強め合うかは光の波長、つまり光の色により少しずつずれるので、回折格子からはちょうどプリズムによりスペクトルが出てくるような機能を有することになります。波長が長いほど回折角が大きくなります。光を分光する装置を「分光器」といい、ほとんどの場合は、分光器に使われている分光素子は、この回折格子が使われています。回折格子の方がプリズムより優れている点として、光の回折角をスリットの間隔で決められる点にあります。間隔を狭くすると回折角が広がります。プリズムの場合、この角度はガラスの屈折率により決まっているので、任意に変えることは難しい点があります。

特定の光の波長を物体に当てると、当てた波長より長い波長の光が出てくる物質があります。この物質のことを蛍光物質といい、様々なものが開発されています。また、この出てくる光のことを「蛍光」といいます。蛍光顕微鏡では、この光の波長を選択して使います。まず、多くの光を含む光源から特定の波長を取り出し、観察する標本に光を当てます。この光を「励起光」といいます。次に、標本から発光される蛍光だけを取り出してレンズを使って像にします。この像を観察したり記録に残したりして分析を行います。

要点BOX
- ●細かいスリットで光の回折現象を利用してスペクトルを得る回折格子
- ●励起光によって標本から発光する蛍光を調べる

蛍光顕微鏡の構造

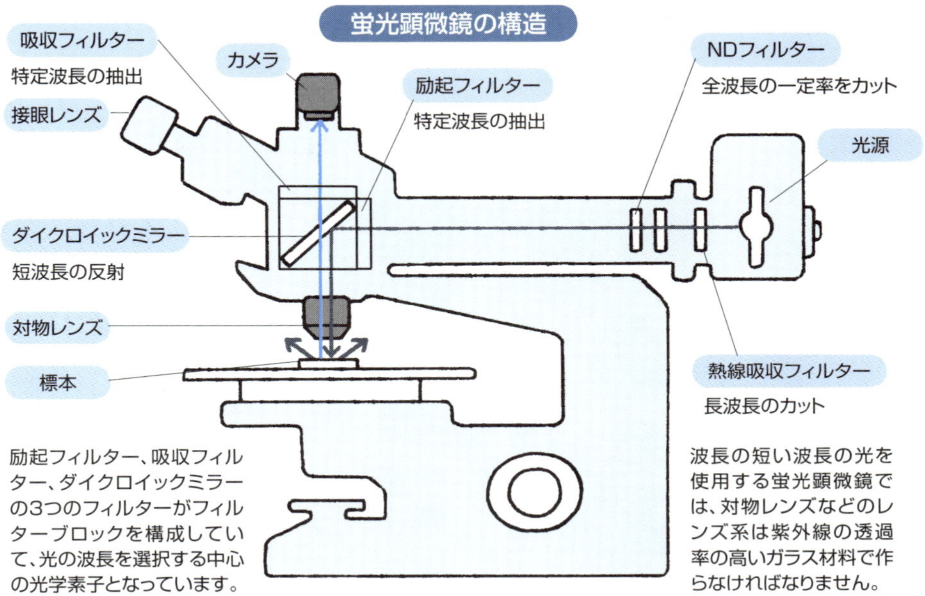

吸収フィルター
特定波長の抽出
カメラ
励起フィルター
特定波長の抽出
NDフィルター
全波長の一定率をカット
接眼レンズ
光源
ダイクロイックミラー
短波長の反射
対物レンズ
標本
熱線吸収フィルター
長波長のカット

励起フィルター、吸収フィルター、ダイクロイックミラーの3つのフィルターがフィルターブロックを構成していて、光の波長を選択する中心の光学素子となっています。

波長の短い波長の光を使用する蛍光顕微鏡では、対物レンズなどのレンズ系は紫外線の透過率の高いガラス材料で作らなければなりません。

回折格子による光の回折

回折角度(θ)は、格子間隔をdとすると下式で表されます。

$$d \cdot \sin(\theta) = m \cdot \lambda$$

λは光の波長で、mは整数(1,2、…)です。このことより、
波長により回折角が変わり、スペクトルが得られることがわかります。

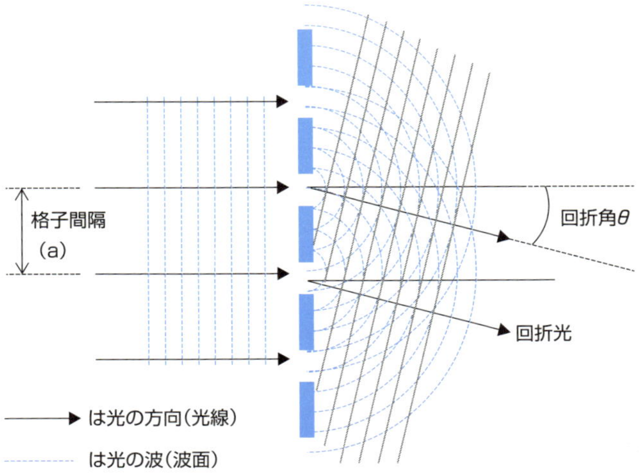

格子間隔
(a)
回折角θ
回折光
は光の方向(光線)
は光の波(波面)

Column

双眼鏡のレンズの仕組み

遠くのものを近づけて見る道具には、天体を見る望遠鏡の他に、双眼鏡があります。双眼鏡は両目で見るタイプのものが主流ですが、片目で見るタイプもあります。こちらは単眼鏡と呼ばれています。

双眼鏡は倍率を上げるために対物レンズと接眼レンズの二つの凸レンズを組み合わせた構成になっています。ただし、このレンズの組み合わせで見るとそのままでは像が逆さになってしまいます（6参照）。

そこで、二つの凸レンズの間に像の向きを変えて正立像にするために光の方向を変える役目をするプリズムが入っています。

このプリズムの形により双眼鏡はさらに二つのタイプに分類されています。

一つは、ポロプリズム式で、二つ目はダハプリズム式です。どちらも形は異なりますが、一対の対物レンズと接眼レンズにつき二つのプリズムが使われています。そこで両眼に対応する左右では、計四つのプリズムが二つの双眼鏡に使われていることがわかります。

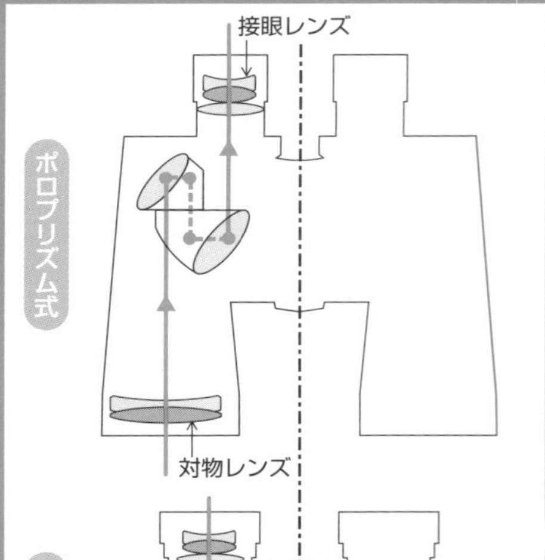
接眼レンズ
ポロプリズム式
対物レンズ
ダハプリズム式

図からわかる通り、ダハプリズム式では、入力光軸と出力光軸が同じ軸上に来るため、双眼鏡の幅をポロプリズム式と比較して小さくすることができます。

双眼鏡は手で持って使われることが多いので、あまり倍率を高倍率にすると像が揺れて見にくくなってしまうので、7～8倍程度までが使いやすい倍率となります。近年はカメラの同じ防振装置付きの双眼鏡も出ています。

【参考文献】

●「光の鉛筆」鶴田匡夫、新技術コミュニケーションズ（1984年）
●「レンズ設計」高橋友刀、東海大学出版会（1994年）
●「例題で学ぶ　光学入門」谷田貝豊彦、森北出版（2010年）
●「図解入門　レンズの基本と仕組み」桑嶋乾、秀和システム（2005年）
●「図解　レンズがわかる本」永田信一、日本実業社（2002年）
●「光工学が一番わかる」海老沢賢史・前田譲治、技術評論社（2011年）
●「絵とき「光学」基礎のきそ」齋藤晴司、日刊工業新聞社（2011年）
●「光学のすすめ」光学のすすめ編集委員会、オプトニクス社（2006年）

索引

英字

ア

カ

サ

今日からモノ知りシリーズ
トコトンやさしい
レンズの本

NDC 425

2013年3月30日　初版1刷発行

発行者　井水 博治
発行所　日刊工業新聞社
東京都中央区日本橋小網町14-1
(郵便番号103-8548)
電話　書籍編集部　03(5644)7490
販売・管理部　03(5644)7410
FAX　03(5644)7400
振替口座　00190-2-186076
URL　http://pub.nikkan.co.jp/
e-mail　info@media.nikkan.co.jp
印刷・製本　新日本印刷(株)

●DESIGN STAFF
表紙イラスト———黒崎　玄
本文イラスト———カワチ・レン
ブック・デザイン ——黒田陽子
(志岐デザイン事務所)

●
落丁・乱丁本はお取り替えいたします。
2013 Printed in Japan
ISBN　978-4-526-07046-4　C3034

●定価はカバーに表示してあります

●著者略歴

齋藤　晴司（さいとう　はるじ）
1972年に日本光学工業株式会社（現　株式会社ニコン）に入社。
顕微鏡の開発関係に従事し、その後測定機、測量機関連の開発、生産技術、品質保証業務に就く。2005年から全社の技術者教育関連業務全般に従事。光学や品質工学及び、レンズ実験などの講座を担当する。

●主な著書

「絵とき「光学」基礎のきそ」(日刊工業新聞社)、2011年